KB102495

우리가 잘 몰랐던
천문학 이야기

고대 그리스에서 천문학 혁명까지

우리가 잘 몰랐던
천문학 이야기

임진용 지음

연암서가

깊은 밤 도시의 쪽방촌 구석진 단칸방 백열등 아래에서 이 책을 통해 400여 년 전 지구 반대편 유럽에서 벌어졌던 파란만장한 사건들을 그려 보며 창 사이로 반짝거리는 별들을 올려다보고 있을 누군가를 위해…

이 책에 대한 내용을 설명하기에 앞서 우선 내가 천문학을 처음 만났을 때의 사연을 먼저 소개하고 싶다. 그게 지금으로부터 24년 전의 일이다. 우리 동기들이 대학 입학시험을 칠 때는 먼저 입학하고자 하는 대학에 지원서를 제출한 후, 한 달쯤 지나 지원한 대학의 강의실에 마련된 고사장에서 학력고사를 쳤다. 당시에는 내신 성적이 반영된다고 할지라도 거의 학력고사 점수가 당락을 결정하던 시기였는데, 그 해 학력고사 응시생은 100만 명 정도였던 것으로 기억된다. 1990년, 이렇게 해서 나는 사범대학 지구과학교육과에 입학을 했다.

1992년 1월에 입대해서 1994년 7월에 전역한 후, 복학 준비라는 명목으로 매일 학교에 들어와 선후배들끼리 당구장, 술집에서 먹고 노는 시간을 두 계절이나 보낸 후에 3학년으로 복학을 했다. "천문학, 천문학이라…." 복학 후, 천문학은 도저히 따라가기 힘든 두려움의 대상이었다. 당시 다른 친구들은 어땠는지 모르겠지만, 적어도 나는 그랬다.

강의를 들을 때는 대략 '그럴 수도 있겠다…' 싶은 것들이 강의가 끝남과 동시에 마구잡이로 섞여버려 도대체 어떤 원리로 돌아가는 것인지 전혀 이해도 기억도 나지 않았다. 실험실로 돌아와 다시 떠올려 봐도 공식의 이해, 방정식의 응용, 정말 그 어떤 것도 머릿속에 제대로 정리되는 게 없었다. 이러다 학력고사를 다시 쳐야만 하는지 스스로에게 되물었던 적이 한두 번이 아니다. 하지만 며칠 밤을 새워서라도 읽고 또 읽고 계산하고 또 계산하면서 어떻게든 천문학과 친해지려 노력했다. 다행스럽게도 교수님 연구실에 들러 여쭈어 보았던 것들은 대부분 시험으로 출제되었다. 나중에 알았지만 교수님 연구실로 찾아간 학생은 나뿐이었다. 전공 심화에 들어가는 3~4학년 동안에 내가 수강한 천문학 과목은 모두 여덟 과목이었는데, 다섯 과목은 A학점, 세 과목은 B학점을 받았다. 천문학 과목에서 A학점을 받는다는 건 천문학으로 고생해 본 경험이 없는 사람들에겐 조금 이해하기 힘든 그냥 단순히 좋은 성적을 받았다는 것 이상의 독특한 희열이 있다. 나는 지금도 천문학 관련 수업을 할 때면, 학창시절 천문학 과목에서 여러 번 A학점을 받았다는 사실을 학생들에게 자랑삼아 이야기한다.

천문학 과목의 시험 시간은 원칙적으로 두 시간 가량이 제공되는 것이 원칙이었으나 항상 초과되곤 했는데, 문항 수가 많거나 계산 과정이 길어서가 아니라, 문제 해결을 위한 아이디어가 잘 떠오르지 않아 이렇게도 해 보고 저렇게도 해 보고 하다 보니 자연스레 문제 풀이 시간이 길어질 수밖에 없었기 때문이었다. 실제 영리한 후배 몇몇은 한 시간 만에 문제를 다 풀고 고사장을 나가는 경우도 있었다. 나는 천문학을 나름 열심히 공부했으나 수학과 물리학에 탁월한 재능이 없음을 금방 깨달았다. 3학년 때까지만 해도 천문학에 관심이 많았던지라 잠시 동안이나마 대학원에 진학하려는 생각도 가졌으나 어떤 분야든 대학원에서 학위를 받는다는 것이 쉽지는 않겠지만, 그 시절 천문학을 전공해서 학위를 받는다는 것은 수학과 물리학에 남다른 재능을 지니고 있지 않고서는 절대 불가능하다는 것을 삼척동자도 알고 있을 만큼의 공공연한 사실이었다. 그건 아마 지금도 마찬가지일 것이다.

나는 한참이 지나서야 천문학을 다시 만났다. 그게 대학을 졸업하고 대략 8년이 지났을 쯤의 일이다. 이번에는 복잡한 계산식과 싸울 필요가 없는 역사와 결합한 천문학이었다. 당시 나는 수학과 물리 분야에 뛰어난 재능이 없음을 스스로 잘 알았기에, 이번에는 '천문학의 역사' 쪽으로 새로운 접근을 시도했다. 그런 시도에 대한 설계도는 그 후 2년 정도가 지나서야 조금씩 윤곽이 드러났다. 이것이 내가 천문학을 처음 만나고 헤어진 후, 다시 재회하게 된 간략한 모습이다.

천문학의 역사를 천문학사(天文學史)라고 하는데, 이게 참 아기자기하고 재미있는 분야다. 사건들을 연결시켜 분석하는 것이 마치 퍼즐게임과 비슷하다. 난 지금도 여러 번 읽었던 천문학사 책들을 다시 읽을 때면 마치 처음 읽는 듯한 느낌을 자주 받곤 하는데, 그것은 여러 대목에서 '옛 천문학자들의 실제 생각은 어땠을까?'라는 상상이 끊임없이 솟아오르기 때문이다. 그런데 그 상상은 매번 다양한 가지를 뻗으며 언제나 새로운 줄거리를 만들어 내곤 한다.

천문학은 고전 천문학과 근대 천문학, 그리고 현대 천문학으로 크게 삼분할 수 있다. 고전 천문학은 다시 프톨레마이오스 이전의 고대 천문학과 그로부터 진화된 프톨레마이오스 중심의 천문학으로 다시 양분된다.

우리는 지구, 태양계, 별, 우주에 관해 나름 학교 수업이나 잡지, 또는 방송 등을 통해 어느 정도의 교육적 경험을 가지고 있는데, 동물들은 그렇지가 않다. 야생의 원숭이, 사자, 곰 등의 동물들은 밤하늘을 어떤 생각으로 올려다볼까? 그들의 눈에 보여지는 달의 모양 변화와 반짝이는 별들은 무엇으로 이해가 될까? 그들의 뇌리에 꽂히는 밤하늘이 10만 년 전 우리 조상들의 뇌리에 꽂히던 것과 얼마나 다를까? 나뭇가지에 걸터앉아 밤하늘을 올려다보며 무엇인가를 머릿속으로 그려보는 원숭이를 상상해 본 적이 있는가? 선사시대의 우리 조상들도 그들과 그리 많이 다르지 않았을 것이다.

이 책은 총 3부로 구성되어 있다. 제1부는 천문학에 관련된 연구사 일부 및 사건들을 분석한 것이고, 제2부는 근대 천문학이 태동하는 데 기여했던 천문학자 4명의 생애를 간략하게 소개한 것이며, 제3부는 천문학사를 이해하는 데 있어 꼭 알아야만 할 기초 지식들을 설명한 것이다. 특히 개별 주제에 대한 내용들이 어떤 격(格)에 의해 구성되지 않았기에, 상대적으로 덜 긴요하다고 판단되는 부분에서는 꼭 짚고 넘어가야 할 것만 다루고, 전반적인 이해가 필요한 부분에서는 세밀한 분석과 논증을 더하기도 했다. 그래서 이 책의 구성이 다소 파격적이라는 것을 부정할 수는 없다. 나는 일반적인 것과 특이한 것 모두를 아우를 수 있는 내용들을 집필하기 위해 나름 많은 자료들을 수집하려 했는데, 일부는 나의 논문들에서, 또 일부는 그에 반영되지 않은 천문학 관련 서적들로부터 이루어졌다. 그 중 훌륭하게 번역되어 국내 독자들에게 소개가 된 것들도 몇몇 있는데, 나는 되도록이면 저자(著者)가 전달하고자 하는 메시지를 직접 파악하기 위해 원서의 내용을 다시 재검토하고 분석하는 절차를 거쳤다. 이런 나의 태도가 선행 연구자 및 번역자들에게 무례함으로 비쳐지지 않기를 바라는 마음이다.

우리가 '천문학'이라는 것을 머릿속에 떠올리면 일단 우리나라의 천문학이 떠오르지는 않는다. 아마 화성에 탐사선을 보내고, 우주 공간에 망원경을 설치하고, 혜성 탐사선을 보내는 과학 선진국들의 모습들이 먼저 떠오를 것이다.

인류는 이미 45년 전에 아폴로 11호를 통해 달 표면에 깃발을 꽂았다. 냉전이 한창이었던 그 시절 미국과 소련은 경쟁하다시피 탐사선을 우주로 보냈는데, 그것들은 태양계의 여러 행성들을 탐사하여 많은 자료들을 우리에게 보내 주었다. 그 중 1972년과 그 이듬해 발사된 파이어니어(Pioneer) 10호와 11호는 태양계 바깥쪽을 향해 나아가면서 혹시 만날지도 모를 외계 생명체에게 우리의 존재를 알릴 자료를 담고서 기약도 없는 항해를 지금도 이어가고 있다.

현재 우리나라는 위성 발사체 개발에 매진함과 동시에 천문학 선진국들과 협력하여 우주와 관련된 자료를 수집하고 분석하는 작업에 몰두하고 있는데, 아쉽게도 우주와 관련된 분야는 기술과 자본력의 부족으로 인해 탐사선을 직접 보내지는 못하고 천체 망원경을 통한 연구에 주력하고 있는 실정이다.

1973년, 코페르니쿠스 탄생 500주년을 기념하여 우리나라에서도 천문학사에 관한 논의가 잠시 동안이나마 활발했던 적이 있었다. 그러나 그 관심은 1980년대와 1990년대를 거치면서 후속적인 연구 활동으로 크게 꽃을 피우질 못했다. 그 이유는 천문학사를 지속적으로 연구할 만큼 우리나라의 학문적 폭이 넓지 않았기 때문이었다.

나는 21세기에 접어들어 새롭게 연구되고 발표된 천문학사(天文學史) 자료들을 정리하여 논문으로 발표함으로써 잘 알려지지 않았던 사실들을 소개하려 했다. 하지만 '학회지에 실린 내 논문을 과연 몇 명이나 보게 될까?' 이런 안타까움을 참다못해, 이번에 이렇게 책으로 펴내어 보다 많은 사람들에게 천문학의 역사를 소개함과 동시에 천문학의 발달 과정을 어떻게 이해해야 하는지 그 방법을 알려 주고 싶었다. 미국과 유럽은 물론이거니와 가까운 일본만 하더라도 과학사는 대학뿐만 아니라, 초·중등 교육기관에서 매우 중요하게 다루어지고 있는 분야임에도 불구하고 우리나라의 환경은 아직까지 척박하기 그지없다.

코페르니쿠스에 대한 연구 하나만 보더라도 미국, 유럽에서는 현재까지도 다양한 접근법으로 많은 연구가 진행되고 있는데, 우리나라에서는 내가 발표한 것들 외에는 구체적인 맥락을 분석했다고 할 만한 자료들이 거의 없다. 그러나 현 시점은 여러 천문학적 사건들의 분석을 통해 새로운 무엇인가를 밝혀 내려는 것에만 노력의 초점을 맞출 것이 아니라, 천문학사와 관련된 많은 내용들을 독자들에게 소개함으로써 천문학사의 일반화를 이끌어 내는 것에 훨씬 더 많은 노력을 쏟아 부어야 할 시기라고 생각한다.

나는 감히 우리나라의 천문학사는 이제 제2기에 접어들었다고 말하고 싶다. 이것은 많은 것들이 우리를 기다리고 있다는 뜻이며, 천문학사의 대중화를 위해 좀 더 노력해야 한다는 뜻이다. 그런 의미에서 이 책은 천문학사와 관련해 지금까지 잘 알지 못했던 정보들을 여러 독자들에게 알려 새로운 관심을 불러일으키기 위한 목적으로 작성된 일종의 '보고서'라고 할 수 있다. 그래서 나는 '천문학사의 대중화', 좀 더 나아가 '과학사의 대중화'를 이 책의 가장 큰 목표로 삼았다.

인문학을 전공했던 칼 세이건(Carl Sagan)이 이질적인 천문학에 도전하여 결국 훌륭한 천문학자가 되었듯, 우리나라의 청년 천문학도들 중에서도 많은 이들이 역사를 함께 공부하여 훌륭한 천문사학자가 많이 등장했으면 좋겠다. 우리나라에서 역사를 전공한 사람이 천문학과로 진학하기란 현실적으로 불가능하다. 하지만 그 반대는 가능하기에 충분히 기대할 만하다. 우리 함께 미지의 천문학 사건들을 연구하며 방랑의 여행을 떠나보자. 누구라도 저명한 천문사학자가 될 수 있음을 의심하지 말자. 아마추어 관측자가 발견한 것일지라도 그 공로를 기려 그의 이름을 딴 혜성의 학명이 전 세계 천문학 서적에 영원히 남아 있는 것은 우리에게 많은 것을 시사해 준다.

마지막으로 이 책 한 권이 천문학의 역사를 바르게 이해하는 데 소중한 도움을 줄 수 있는 작은 도구가 될 수 있기를 간절히 기원한다.

임진용

차례

서문 ◆ 7

제1부 천문학의 발달 과정 ◆ 17

1장 고대 천문학 ◆ 19

1. 고대 초기 천문학자들의 우주론 ◆ 19
탈레스 | 아낙시만드로스 | 아낙시메네스 | 피타고라스 | 플라톤 | 아리스토텔레스

2. 고대 천문학의 진화 ◆ 34
히파르쿠스 | 프톨레마이오스 | 신플라톤주의자들의 사상과 우주론

2장 근대 천문학 ◆ 47

1. 고전 천문학의 불길한 조짐 ◆ 47
2. 코페르니쿠스 이론의 등장과 학계의 반응 ◆ 51

3. 영국에서 이루어진 태양중심설의 완결 ◆ 58

4. 동양의 태양중심설 전래 과정 ◆ 62

중국 | 일본 | 우리나라

3장 태양중심설에 대한 종교계의 반응 ◆ 71

1. 16세기 교회의 반응 ◆ 71

2. 17~19세기 교회의 반응 ◆ 79

제2부 천문학 혁명가들의 생애 ◆ 87

1장 코페르니쿠스 ◆ 89

2장 티코 ◆ 98

3장 케플러 ◆ 116

4장 갈릴레이 ◆ 130

제3부 천문학사를 이해하는 데 꼭 필요한 물음들 ◆ 149

1장 천문학은 언제부터 시작되었는가? ◆ 151

2장 천문학에서 음률적(音律的) 해석은 어떤 의미를 갖는가? ◆ 153

3장 우주혼(宇宙魂)은 어떤 개념인가? ◆ 155

4장 『천구의 회전에 관하여』는 어떤 동기와 의도에서 출판하게 되었 는가? ◆ 158

5장 중세와 르네상스 시대의 학자들은 왜 고전(古典)을 통해 진리를 찾으려 했는가? ✦ 166

6장 『천구의 회전에 관하여』와 『알마게스트』는 어떤 내용을 담고 있는가? ✦ 168

7장 티코의 수정(修正) 지구중심설은 어떤 의미를 지니는가? ✦ 201

8장 케플러가 개척한 천체물리학이란 무엇인가? ✦ 203

9장 갈릴레이의 망원경을 통한 천체 관측은 천문학사에 어떤 의미를 부여했는가? ✦ 205

10장 근대 천문학 등장 전후의 기독교는 어떤 모습이었는가? ✦ 207

11장 토마스 쿤(T.S.Kuhn)의 '과학혁명' 이론을 통한 코페르니쿠스 태양중심설은 어떻게 해석될 수 있는가? ✦ 210

12장 우리는 왜 역사와 과학에 관심을 두어야 하는가? ✦ 218

참고문헌 ✦ 221

찾아보기 ✦ 231

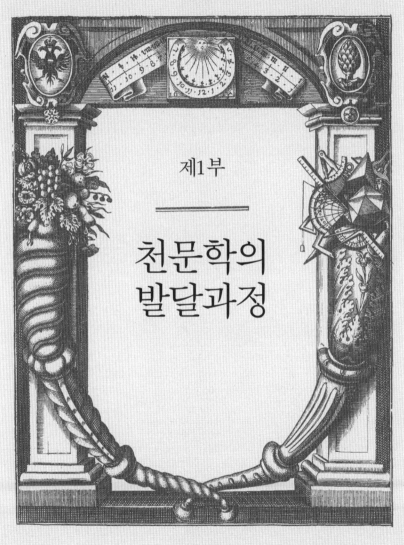

제1부

천문학의
발달과정

1장
고대 천문학

1. 고대 초기 천문학자들의 우주론

탈레스

탈레스(Thales, BC. 624-546)는 그리스의 식민지였던 소아시아의 이오니아 지방의 밀레토스 출신이다. 그는 최초의 유물론학파로 일컬어지는 밀레토스학파(Milesian school)의 시조라고 할 수 있는데, 기하학과 천문학에 능했다고 전해지며 일식을 예언하기도 했다. 그는 자연에 존재하는 물질의 근원을 물이라고 간주하면서 물이 스스로 여러 변화 과정을 거침으로써 다양한 만물들이 형성한다고 주장했다. 그는 특히 초(超)자연적이거나 신화적인 것에 의존하지 않고, 오로지 자연철학적 인식으로만 현상들을 해석하려 했다. 당연히 천상계(天上界) 역시 그런 사유 방식으로 이해하려 했는데, 이러한 시도는 그 이전의 학자들과는 사뭇 다른 것이었다.

고대 신화(神話)는 인간이 사물에 대한 가치를 인식하기 시작하면서부터 만물의 창조와 존재의 의미를 판단함에 있어 매우 중요한 잣대였는데, 이것을 극복할 수 있었다는 것은 상당히 획기적인 시도였다. 탈레스는 당연히 신화를 대체할 만한 새로운 가치 기준을 제시해야만 했는데, 그는 '유물론(唯物論) 입장에서의 지적 탐구를 통한 현상의 이해'라는 새로운 가치 기준을 내놓았다. 그의 천문학 연구 방식도 바로 이런 원칙에 입각한 것이었다. 이로 인해 학계에서는 고대 천문학의 시작은 탈레스로부터였다고 간주한다.

아낙시만드로스

아낙시만드로스(Anaximandros, BC. 610-546)는 탈레스의 제자이자 밀레토스학파의 일원이었는데, 그는 수학, 천문학, 지리학에 능통했으며, 탈레스의 이론을 계승하고 발전시켰다. 그는 세상을 구성하고 있는 것은 딱히 뭐라 규정할 수 없는 아페이론(apeiron: 무한한 것)이라는 물질이라 제안하며, 이것은 영원히 운동하며 불사불멸(不死不滅)의 속성을 지녔다고 했다.

이러한 아페이론 간의 투쟁을 통해 만물이 만들어지는데, 만물 역시 결국 쇠멸하여 본래의 근원으로 회귀한다는 논리를 펼쳤다. 그리고 자연에서 발생하는 현상들을 통제하는 법칙이나 원리는 인간 사회에서 통용되는 법칙이나 원리와 크게 다를 것이 없다고도 주장했다.

그는 우리가 살고 있는 세상 외에 또 다른 세상들이 존재한다고 주장한 최초의 천문학자였는데, 그 수(數)가 딱히 정해지지 않은 세상들이 오랜 시간을 거치는 동안 생성과 소멸을 반복한다고 여겼으며, 그처럼 생성과 소멸이 반복하기 때문에 행성들의 수(數)가 오랜 시간이 흘러도 대량으로 증가하지 않는다는 논리를 펼쳤다. 그는 또 지구의 모양은 평평한 형태가 아니며, 지구의 위치는 우주의 정확한 중심에 있지 않을 것이라는 가설을 내놓았다.

아낙시만드로스는 지구의 모양은 마치 자유롭게 운행하는 실린더(cylindrical type, 원통형과 비슷한 모양)의 속성을 지녔다고 주장하면서 우주의 질서를 창조한 것은 초자연적인(경험을 통해 설명하거나 이해할 수 없는 수준을 지닌) 수단들이 아닌 자연의 물리적인 힘들이라고 역설했다.

그가 비록 실험을 통한 결과로서 '지구의 위치가 우주의 중심에 있지 않다'는 가설을 제안한 것은 아닐지라도, 그런 가설의 수립은 후대 천문학자들이 지구중심설을 탈피할 수 있는 기원을 제공했다는 점에서 큰 의의가 있다.

아낙시메네스

아낙시메네스(Anaximenes, BC. 585-525)는 모든 사물의 근원이 물이라고 주장했던 탈레스와는 달리 공기가 모든 사물의 근원이라고 주장했다. 그도 역시 만물의 근원을 밝히는 것에 주안점을 두었던 밀레토스학파의 일원이었는데, 그는 공기가 냉각되고 밀도가 커지면 바람, 물, 흙으로 변화되고, 공기가 가열되거나 밀도가 작아지면 불이나 천체(天體)로 변화된다는 주장을 펼쳤다. 그는 좀 더 나아가 인간의 혼(魂)마저도 '공기와 관련된 호흡'이라는 관점으로 이해하려 했다.

아낙시메네스는 지구의 모양은 평평한 디스크(disk) 형태를 띠고 있으며, 거대한 공기 쿠션(air cushion) 위를 떠다닌다고 주장했다. 게다가 천체들은 지구로부터 증발된 것들의 결과로 태어났다는 이론을 제안했는데, '자연 세계를 작동시키는 혼(魂, psychē)이 있다'는 논리를 펼친 최초의 자연철학자였다. 아낙시메네스의 '혼(魂)'의 개념은 나중에 플라톤의 '우주혼(宇宙魂, anima mundi)' 개념으로 맥락을 이어간다.

'천체들의 운동이 비등속(非等速)으로 관측되거나 또는 역행(逆行)하는 모습으로 관측되는 현상들은 모두 혼(魂)에 의한 지각적 판단의 결과다'라는 가설은 만유인력의 법칙이 정립될 때까지 자연철학들의 연구 과정에 있어 선택적 판단의 근거로 작용했다.

'우주혼'의 개념은 16세기말 케플러가 행성들의 비(非)규칙성 운동을 분석하는 과정에 다시 도입되면서 상당히 긴 역사를 자랑하게 된다.

피타고라스

기록에 따르면 피타고라스(Pythagoras, BC. 570-500)는 지구가 둥글다고 생각한 최초의 천문학자다. 그는 처음엔 모든 행성들이 각자 나름대로의 축을 가진 채 지구를 중심으로 공전 궤도를 그릴 것이라고 추측했다가, 나중에 다시 태양 말고 또 다른 어떤 불덩어리를 중심으로 해서 여러 행성들이 공전 궤도를 그리며 돌고 있다는 내용으로 자신의 우주론을 완전히 수정했다.

그는 우주가 도덕적 원칙에 따라 만들어졌다고 여겼는데, 이것은 아낙시만드로스의 '자연에서 일어나는 현상들을 통제하는 법칙이나 원리는 인간 사회에서 통용되는 법칙이나 원리와 크게 다를 바가 없다'는 주장과 맥을 같이 하는 것이라고 할 수 있다. 그는 우주의 구조는 수(數)

의 원리에 따라, 즉 여러 비율에 입각한 형태를 띠고 있다고 주장했다. 그리고 행성들 모두가 신성(神聖)한 것들이라 여겼으며, 행성들의 운동은 '음악적 조화'에 부합하는 고유한 음률(音律)에 따라 이루어지고 있음을 강조했다.

피타고라스의 학문이라고 하는 것은 실제 피타고라스를 계승하던 학자들의 학문 총체(總體)를 말하는 것인데, 피타고라스학파를 대표하는 필로라우스(Philolaus, BC. 470-385)에 의하면 천상계는 불덩어리(태양이 아닌 우주의 중심에 위치한 불덩어리인데, 지구에서 눈으로 직접 보이지는 않는다)를 중심에 두고 열 개의 동심원에 박힌 천체들이 각자의 궤도로 회전하는 곳이라고 주장했다. 가장 바깥쪽 구(球)에는 항성들이 박혀 있고, 그 다음 아래쪽으로 내려오면서 다섯 개의 행성들, 그 다음 아래쪽은 태양, 달, 지구의 순서로 배열된다고 설명했다. 이렇게 아홉 개의 구(球) 다음에는 '대지구(對地球, counter-earth)'라고 하는 가상의 천체가 박혀 있는 열 번째 구(球)가 존재한다. 왜 대(對)지구라는 것이 필요했을까? 그 이유는 간단하다. 피타고라스학파는 '10'이라는 숫자를 완벽함을 상징하는 것으로 인식하고 있었기 때문에, 그들의 기준에 따르면 반드시 동심원은 열 개가 되어야만 했다.

필로라우스의 이런 행성계 모델은 비록 행성들의 역행 현상을 설명하기에는 나름 부족했을지라도, 황도대를 따라 운동하는 태양, 달, 행성들의 기본적인 겉보기 현상들을 단순하게 설명할 수 있도록 해 주었다. 그는 태양, 지구, 대(對)지구, 중심에 위치한 불덩어리의 위치 관계에 의해 낮과 밤이 결정된다고 했는데, 다음 그림과 같이 지구와 대(對)지구는 언제나 함께 움직이면서 중심의 불덩어리를 하루에 한 번씩 공전한다고 설명했다.

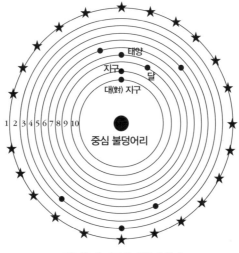

정오일 때 지구와 태양의 위치

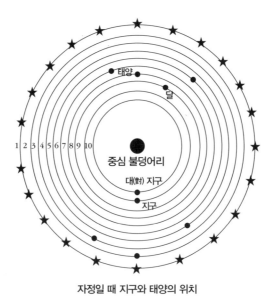

자정일 때 지구와 태양의 위치

〈그림 1〉 필로라우스의 행성계 모델

플라톤

플라톤의 사상은 고대 자연철학의 한 축이었을 뿐만 아니라, 신플라톤주의로 진화하면서 르네상스(Renaissance)를 거쳐 근대 천문학 혁명의 사상적 기원이 되었다.

플라톤(Platon, BC. 427-347)은 인간의 부족한 이성 수준을 극복할 수 있는 유일한 수단이 바로 '기하학(幾何學)'이라고 주장하면서 천문학에서 기하학이야말로 경이로울 만큼의 정합성(整合性)으로 '이데아(idea)'를 밝혀 줄 등불이라고 확신했다.

플라톤의 사상은 코페르니쿠스가 훗날 태양중심설을 고안하는 과정에서 상당히 중요한 역할을 했는데, 그것은 순수 플라톤주의가 아니라, 플라톤의 계승자들에 의해 다양한 형태로 진화되어 오던 신플라톤주의(Neo-Platonism)였다.

신플라톤주의는 중세를 거치면서 여러 요소가 가미되어 진화하게 되는데, 이로 인해 플라톤의 사상은 다소 개방적이면서 강한 흡입력을 띠는 속성을 갖게 되었다. 가끔씩은 서로 대립하던 아리스토텔레스주의의 일부 요소들까지도 수용했으며, 피타고라스의 사상, 스토아학파의 사상마저도 선별적으로 도입했을 뿐만 아니라, 헬라 종교와 동방 종교(東邦宗教)마저도 흡수하는 형태를 띠기도 했다. 이처럼 신플라톤주의는 제설혼합주의적(諸說混合主義的) 성격을 띠면서 철학과 종교 사이의 경계를 허물었다. 중세 플라톤주의는 철학적 세계와 신의 세계를 잇는, 즉 철학에서 출발했으나 신의 세계에 대한 향수를 떨쳐 버리지 못한 경향이 매우 짙었기 때문에, 어떤 의미에서는 하나의 반(半)종교로까지 해석되기도 한다.

코페르니쿠스가 태양중심설을 구상하는 과정에서 프톨레마이오스 천문학을 상대하는 것 이상으로 곤욕스러워 했던 것이 바로 아리스토텔레스 우주론이다. 코페르니쿠스가 등장하기 수세기 전부터 아리스토텔레스 우주론은 교회 신학과 유기적으로 결합하여 학문과 종교, 이 두 산맥에서 막강한 영향력을 행사하고 있었다.

아리스토텔레스(Aristoteles, BC. 384-322)는 자신의 정신세계와 가치관을 정확하게 표현한 『형이상학(Metaphysica)』에서 학문들 가운데, 자연학, 수학, 신학이 있는데, 그 중 가장 뛰어난 것이 바로 신학이라고 규정했다. 다시 말해 논쟁의 여지가 생길 경우, 올바름의 결정 기준은 바로 신학이 되어야 한다는 것이다. 이런 가치 기준은 기독교 신학자들로 하여금 아리스토텔레스와 결탁하지 않을 수 없도록 만들었다.

특히 13세기에 이르러 토마스 아퀴나스(Thomas Aquinas, 1225-1275)는 『신학대전(Summa Theologiae)』을 통해 신의 존재와 관련된 형이상학적 해석 과정에서 아리스토텔레스의 사상을 적극 활용했는데(그는 항상 아리스토텔레스를 두고 '유일한 철학자'라고 칭송했을 정도다), 이후 기독교 신학자들은 『신학대전』의 논증 방식을 본으로 삼아 아리스토텔레스의 사상을 자연의 모든 현상을 해석하는 준칙으로 확대 적용했다. 하지만 귀납적이며 현실주의를 지향했던 아리스토텔레스 사상에 반해 연역적이고 이상주의를 지향한 플라톤 사상이 르네상스시대에 부활함으로써 상황은 반전을 맞게 되었다.

플라톤은 생전에 다양한 분야에서 많은 업적을 남겼는데, 그의 저작들은 르네상스 말기에 이르러 많은 학자들에 의해 다시 분해되고 조립되는 과정을 거쳤다. 특히 플라톤의 자연철학은 천문학자들에게 사상적으로 상당한 영향을 끼쳤는데, 근대 천문학 혁명의 도화선이 되었던 코페르니쿠스는 『천구의 회전에 관하여(*De revolutionibus orbium coelestium*)』에서 플라톤으로부터 많은 영향을 받았음을 뚜렷하게 밝히고 있다.

플라톤의 우주론은 그의 저서 『티마이오스(*Timaios*)』를 통해 확인할 수가 있다. 플라톤은 『티마이오스』에서 우주는 본(paradeigma)에 의해 만들어졌다고 주장했다. 그런데 플라톤이 말하고 있는 우주의 시작, 즉 '우주의 창조'를 '실제적 사건'으로 인식해야 하는 건지, 아니면 영원히 존재하는 우주의 '정연한 질서 체계가 구축된 시점'으로 간주해야 하는 건지, 그 문제에 대해서는 논란의 여지가 있는데, 플라톤은 만물을 창조하는 신(神)인 데미우르고스(dēmiurgos)가 '똑같은 방식으로 한결같은 상태로 있는 것'을 바라보며 우주를 만들었다고 함으로써 후자에 힘을 실었다.

생겨난 것들 중에서 가장 아름답고, 원인들 중에서 가장 훌륭한 것은 바로 우주이기 때문에, 그것엔 반드시 질서와 아름다움이 있어야 하는데, 플라톤은 그런 것들이 생겨나는 것이 절대 우연하게 이루어지는 것이 아니라고 강조하면서 그런 질서와 아름다움이 생겨나는 시점이 바로 '생성의 시점'이라고 주장했다.

플라톤의 주장대로라면 '이데아' 또는 '형상(形相, eidos)'들만이 참으로 존재하는 것들인데, 이런 것들은 필연적으로 지성을 통해서만 인식이 가능한 것들이다. 그런데 우주는 이데아의 모상(模像, eikōn), 즉 존재론적으로 봤을 때, 데미우르고스의 우주론적 설계의 본(paradeigma)에 대한 '모상'에 지나지 않는 것이다. 따라서 플라톤은 우주에 대한 논의를 '모상에 어울리는 정도'의 수준에서 '그럼직한 설명'의 정도로 한정하고 있다. 이런 논리를 확대하면 '그럼직한 설명'은 본에 대해 성립하는 '참된 설명'의 모상이 되는 것이다. 그리고 플라톤은 인간의 본성만으로는 인간 인식의 한계를 넘어서는 존재들에 대해 탐구하는 것은 부적절하다고 강조한다.

실제로 플라톤은 『티마이오스』를 통해 자신의 우주론을 설명하는 과정에서 '그럼직한 설명'이라는 표현을 무려 25번이나 사용하면서 우주의 기원에 대해선 '확정적인 이야기를 할 수가 없음'을 뚜렷하게 표명했다. 여기에서 본의 역할을 하는 형상은 '언제나 같은 상태로 있는 것'이기에 그것에 대해서는 '한결같고 불변의' 설명이 가능한 데 반해, 이 우주는 '본'의 모상이기에 역시 모상에 어울리는 '그럼직한 설명'만이 가능할 따름이라는 것이다.

플라톤은 데미우르고스가 우주를 만드는 과정에서 '최선(最善)'을 추구하며 조화롭지 못하고 무질서한 것들을 조화롭고 질서가 있는 상태로 바꾸어 놓았는데, 데미우르고스가 그렇게 했던 이유는 지성적(知性的)인 것들이 그렇지 않은 것들보다 더 훌륭한 것이기 때문이었으며, 그 과정에서 지성(知性)은 혼(魂)과 절대 떨어져서는 존재할 수 없다고 설명했다. 플라톤은 데미우르고스가 지성을 혼 안에, 혼은 몸통 안에 함께 할 수 있도록 하면서 우주를 구성했으며, 이 우주도 앞서 언급한 '그럼직한 설명'에 따라서 신의 '선견(先見)'과 '배려(配慮)'에 의해 혼(생명)을 지닐 수 있게 되었고, 또한 지성도 함께 지니게 되어 말 그대로 '살아있는 그 어떤 것'이 됨으로써 모든 것들이 생성된 것이라 주장했다. '생명'을 지녔다는 것은 마치 살아 움직이는 형태를 띤다는 것인데, 플라톤이 설명하는 우주 현상들은 바로 이런 속성으로부터 비롯된 것이라고 할 수 있다.

플라톤은 이처럼 우주를 '혼과 지성을 함께 지닌 생명체'로 간주했다. 이 때 우주의 운동을 규정하는 과정에서 혼(魂)이라는 개념의 도입은 아낙시메네스가 주장한 자연 세계를 움직이게 하는 혼(魂)의 존재와 그 맥락을 같이 하는 것이다. '우주혼(宇宙魂)' 개념은 후에 케플러가 행성 운동의 불규칙성(태양과 행성 사이의 거리가 가까워지고 멀어지고 하는 현상, 그리고 행성의 공전 속도가 빨라지고 느려지는 현상)을 설명하는 과정에서 다시 등장한다.

'최선(最善)'을 추구하는 것'과 '질서(秩序)와 조화(調和)'라는 개념은 인간 사회에서 그 가치를 평가하며 다루게 되는 것들인데, 플라톤은 이런 개념들을 천상 세계로 확대 적용시켰다. 이러한 적용 방식은 앞서 아낙시만드로스가 제안한 우주론의 원칙과 같은 맥락이라고 할 수 있다.

플라톤은 『티마이오스』에서 우주를 구성하는 물질은 기본적으로 물과 흙이라고 간주하면서 그들의 결합을 이루는 힘의 근원을 기하학적 '등비비례(等比比例)'로부터 찾았는데, 우주가 구형을 갖게 된 이유도 물질의 가장 안정한 형태가 구형이기 때문이라고 주장했다. 이런 주장에 대한 근거로 모든 다면체(多面體)들이 원(圓) 안에 들어갈 수 있다는 사실을 제시했다. 그의 이런 발상들은 하나같이 기하학(幾何學)으로부터 비롯된 것이었다.

훗날 코페르니쿠스, 티코, 케플러는 이런 플라톤의 다면체 이론과 원의 속성에 대해 끊임없이 고민하고 갈등해야만 했다. 특히 케플러는 플라톤의 입체로 알려진 완전입체(perfect solids)들을 세밀하게 분석한 후, 자신의 행성운동이론에 적용시켰다.

케플러는 자신의 연구 결과를 정리해 1596년에 저술한 『우주의 신비(Mysterium Cosmographicum)』에서 플라톤 입체로 알려진 완전입체의 속성을 지니고 있는 것은 정사면체, 정육면체, 정팔면체, 정십이면체, 정이십면체뿐이며, 이 다섯 개의 완전입체들은 자연, 신, 창조, 수학, 논리학을 뜻하는데, 이러한 입체들의 모서리가 구의 표면에 내접하며 구(球) 안에 정확히 들어갈 수가 있고, 구(球)가 각 입체의 평면 중앙에 내접하

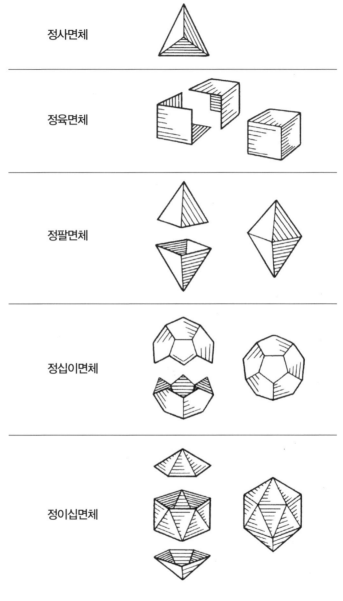

정사면체

정육면체

정팔면체

정십이면체

정이십면체

〈그림 2〉 플라톤의 완전입체들

며 그 내부에 들어갈 수 있다는 사실을 우주 구성의 중요한 원칙으로 설명했다.

케플러는 이 다섯 개의 입체만이 단순함, 수학적인 아름다움, 완벽성을 지니고 있다고 여기면서 신이 태양과 행성들을 배치할 때, 바로 이런 속성을 고려했을 것이라고 믿었다. 그래서 행성들의 수(數)가 더도 덜도 아닌 여섯 개인 이유가 바로 행성들 사이의 상대거리를 설명할 수 있는 완전입체가 단지 다섯 개뿐이기 때문이라고 추론했던 것이다. 그러나 1781년 음악가이자 천문학자인 윌리엄 허셜(William Herschel)에 의해 천왕성이 발견되면서부터 케플러의 가설은 깨져 버렸다. 하지만 좀 더 폭넓은 해석을 한다면, 1610년에 갈릴레이가 목성의 위성들을 발견하면서 보다 일찍 깨져 버린 가설이라고도 할 수 있다.

한편 플라톤이 우주혼을 구성하는 과정에서 수(數)의 계열을 도입한 것은 자신의 가설을 음악 이론과 관련짓기 위해서였는데, 이것은 피타고라스에 의해 이전부터 강조된 것이었다. 우주론의 해석 과정에서 음악 이론을 도입해 응용하는 것은 훗날 중세 천문학자들이 등비비례(等比比例, geometrical proportion), 조화수열(調和數列, harmonic progression) 등을 이용해 고질적인 천문학의 난제들을 해결하려 할 때, 또다시 등장한다. 실제로 이런 적용(음악 이론, 등비비례, 조화수열)의 효과를 제대로 본 천문학자가 바로 케플러(제3법칙-조화의 법칙)다. 이런 점들을 종합할 때, 플라톤의 우주는 한 마디로 '선(善)'을 지향하는 기하학적 조화의 구성체'라고 할 수 있다.

플라톤의 제자로서 아카데미아(Academia)에서 공부하던 에우독수스(Eudoxus, BC. 400-347)는 각각의 내부에 동일한 중심을 갖고 일정하게 운동하는 서너 개의 천구들의 상호작용을 통해 천문학의 몇 가지 난제들

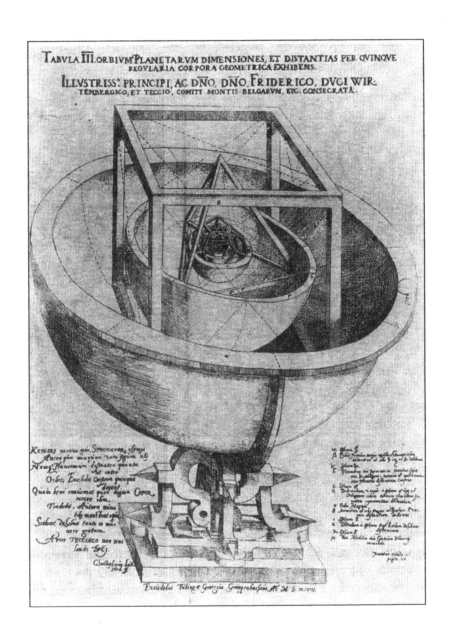

〈그림 3〉 케플러의 『우주의 신비』에 수록된 다면체 모형의 삽화

을 풀었다. 이들 각 천구는 고유한 회전축과 회전방향을 갖고 있는 것들이었다. 당시 골칫거리로 여겨졌던 행성들의 역행 운동까지도 두 개의 천구를 제3의 천구가 실은 채 회전하는 방식으로 표현함으로써 일시적으로나마 제대로 된 '현상(現象)의 구제(救濟)'라며 찬사를 받았다. 여기에서 '현상의 구제'라는 것은 '천체의 일정하고 규칙적인 운동을 정확히 분석해냄으로써 모순으로부터 우주적 현상을 구(救)할 수 있도록 하라'고 강조했던 플라톤의 명제(命題)다. 에우독수스는 모두 27개의 구(球)를 사용했는데, 태양에 대해 3개, 달에 대해 3개, 5개의 행성들에 대해서는 각 행성 하나마다 4개씩, 그리고 항성구 1개였다.

아리스토텔레스

아리스토텔레스 역시 에우독수스의 우주론을 차용해 약간의 기술적 변화를 가미하면서 조금 차별화된 행성 배열을 제안하긴 했으나, 정신적 측면이 강한 플라톤학파의 근본 사상에 대해서는 냉철하게 비판했다. '물질계는 실제 세계를 아주 조야하게 표현할 뿐이고, 실제 세계는 사실 실재성이 없는 추상적 사고의 영역'이라는 플라톤의 주장에 대해 아리스토텔레스는 절대 동의할 수 없었다. 아리스토텔레스의 세계관은 현상들이 모두 실재적이고 현실적인 것들로 간주되었다. 플라톤에게는 실재적인 것들이 물질계 너머 존재하는 추상적 대상이었으나, 아리스토텔레스에게는 실재적인 것들이 바로 물질적인 것들이며 당장 현존해야만 하는 것들로 간주되었다. 따라서 아리스토텔레스는 추상적인 것들 안에서 헤매고 있는 모든 해석들은 단지 무의미한 것일 뿐이라며 강하게 비판했다.

포개어진 천구들로 이루어진 에우독수스의 우주 모형은 플라톤학파와 아리스토텔레스학파에 의해 각각 다른 형태로 적용되어 후대 천문학자들에게 천상계의 운동은 '지구를 중심으로 둔 완벽한 구형 궤도가 일정하게 회전하는 것'이라는 준칙(準則)을 제공했다. 이와 관련된 아리스토텔레스 우주론의 원칙들은 그의 저서 『천상계에 대하여(On the Heavens)』를 통해 자세히 소개되고 있다. 특히 아리스토텔레스는 자연세계의 운동은 영원해야 하고 그 운동을 지속시키기 위해서는 '자신은 운동하지 않으면서 영원한 운동을 낳는 것', 즉 '부동(不動)의 원동자(原動者)'가 존재함을 주장했다.

아리스토텔레스의 사상은 비단 천문학뿐만 아니라, 기독교 교리와 결탁하여 17세기까지 모든 학문의 연구 과정에서 정합성을 논하는 기준으로 지대한 영향력을 발휘하게 된다. 이와 관련된 내용은 이 책의 전개 과정에서 조금씩 소개될 것이다.

2. 고대 천문학의 진화

히파르쿠스

히파르쿠스(Hipparchus, BC. 190-120)는 실용적인 목적에 중점을 두고 천체를 관측했던 바빌로니아(Babylonia)인들의 천문 자료들을 수집하고 정리하여 그 결과를 보다 세련된 학문으로 발전시킨 그리스 천문학자다. 히파르쿠스가 등장함으로써 플라톤학파가 견지했던 "현상을 구제하라"라는 명제는 새로운 상황을 맞게 되었다. 히파르쿠스는 논리성을 확보하기 위해 오직 기하학만을 의지하고 단지 추상적으로만 천문학을 연구하는 것은 극히 잘못된 연구 행태라고 비판하면서, 실제 관측을 수행하고 그 결과들을 분석하는 것이 천문학의 가장 기본이라고 주장했다. 그는 바빌로니아인들이 행했던 관측 및 결과 분석 기법을 기하학과 접목시키려 했는데, 이와 같은 그의 천체 관측의 중요성에 대한 강조는 플라톤의 관념적 연구에 대해 회의(懷疑)가 누적되는 가운데, 관측 자료의 실질적인 유용성이 증대되고 있는 상황에서 자연스럽게 제기된 것이었다.

히파르쿠스는 행성들의 역행(逆行) 현상을 설명하기 위해 '주전원(周轉圓)'이라는 새로운 개념을 창안했다. 주전원이 도입됨으로써 행성들의 역행현상 뿐만 아니라, 지구와 행성들의 상대적인 거리에 따른 행성들의 밝기 변화를 설명하는 것도 종전보다는 훨씬 더 용이해졌다.

히파르쿠스는 오랜 관측과 그 결과의 분석을 통해 별의 밝기 등급을 창시했으며, 이심원(離心圓)과 주전원(周轉圓) 개념을 체계화시키는 작업에 특히 주력했다. 그는 관측과 이론을 겸비한 당대 최고의 천문학자로서 상당히 많은 연구 기초를 후대에 제공했으나, 여러 학파들이 저마다 다양하게 주장하고 있던 지구중심이론들을 하나로 수렴하여 뚜렷한 계통을 수립할 수 있는 천문학으로 이끌지는 못했다.

한편 천문학 연구에 있어 고대 그리스 자연철학자들의 공통 요소를 살펴보면, 각 학파들이 우주 모형을 구상하는 과정에서 대체로 지구를 우주의 중심에 두었다는 것 말고는 동일하게 적용하고 있는 표준을 찾아볼 수가 없다. 이처럼 지구를 우주의 중심에 두었다는 것 말고는 공유할 수 있는 계통적 표준이 별로 없었기 때문에, 각자 형이상학적 요소들을 마음대로 끌어들여 저마다 새로운 영역을 개척하듯 천상계를 자의적으로 해석해 버리고 말았다. 게다가 실험과 관찰에 있어서도 확실한 신뢰를 제공할 만큼의 공약(公約)이라는 것이 존재하지 않았기 때문에, 연구 방법의 선택도 상당히 자유롭고 다양할 수밖에 없었다.

이런 점들을 고려할 때, 고대 그리스 시대에는 선행 천문학자들의 연구 성과들이 후속적(後續的) 맥락을 구성해 후발 천문학자들에게 조직화된 공약을 제공했다고 볼 수가 없다. 만약 각 시대별 천문학적 요소들의 합류에 의해 당시 천문학이 정교화(精巧化) 과정을 제대로 거쳤다면, 분명 뚜렷한 맥락을 지닌 모종(某種)의 후속적 패러다임이 발견되어야만 한다. 그러나 고대 그리스 천문학자 그룹들은 우주를 구성하는 물질과 천체들의 운동 원리를 저마다 달리 해석하고 그것을 끝까지 견지함으로써 후대에 출현하게 될 천문학자 그룹들에게 확실한 공약(公約)으로서의 체계적인 지구중심설 모델을 넘겨주지 못하고 말았다. 나름 체계화된 시스템이 갖추어진 것은 프톨레마이오스가 비로소 등장함으로써 이루어졌다.

프톨레마이오스

프톨레마이오스(Claudius Ptolemaios, 90?-168?)는 천문학을 형이상학으로부터 탈출시켜 수리적(數理的)으로 정리함으로써 천문학의 새 지평을 열었다. 프톨레마이오스가 오랜 관측을 통해 수집한 자료들을 과거의 자료들과 함께 정리하고 수리적으로 논증한 『알마게스트(Almagest)』는 원래 제목이 『천문학 집대성(Megale Syntaxis tes Astoronomias)』이었는데, 이 책은 그의 전성한 백과사전인 『테트라비블로스(Tetrabiblos)』의 자매편이었다. 그런데 『알마게스트』가 유럽에 처음 소개되었을 때, 당시 학계에서는 '지나치리만큼 난해한 수학적 내용들로 가득한 책'이라고 일컬었다고 한다.

프톨레마이오스는 기존의 그리스 자연철학자들이 학문적 측면에서만 천상계(天上界)를 해석하려 했던 것과는 달리, 천문학의 실용적 측면을 보다 중요하게 여겼다. 예를 들면, 어떤 사람의 탄생일과 관련된 별자리를 통해 운명을 점친다든지, 왕위를 계승하는 대관식은 언제가 좋은지, 행성이 어떤 운동을 할 때 길(吉)하고 불길(不吉)한지 등을 알아보는 것에 천문학을 활용하는 것이었다.

프톨레마이오스는 이전의 천문학자들이 지향했던 '전체적으로 간결하면서도 완벽한 우주 모형의 완성'을 굳이 무리하면서까지 추구하려 하지 않았다. 프톨레마이오스는 연구 초기에 아리스토텔레스 우주 모델과의 융화를 잠시나마 시도한 적이 있기는 하지만, 끝내 행성 각각의 운동 방식에 대한 분석과 정리에만 치중했다. 그 이유는 프톨레마이오스가 연구를 진행시켜 가는 과정에서 얻게 되는 결과들을 정리하면 할수록 도저히 아리스토텔레스 우주론과는 융화될 수 없음을 발견했기 때문이었다. 이런 사실들은 1967년에 발견된 프톨레마이오스의 저작 『행성의 가설(*Planetary Hypotheses*)』의 내용을 통해 확인되었다.

프톨레마이오스는 관측을 통해 지속적으로 반복되는 규칙성에 입각한 행성계를 만들려고 노력했는데, 그런 목적에 이끌려 행성의 속도, 크기와 밝기, 역행 등을 설명하기 위해 편심(偏心)과 주전원(周轉圓)을 다양한 방식으로 적용시켰다.

다음 그림에서 볼 수 있듯 행성들이 회전하는 천구의 중심은 지구에서 약간 비껴나 있는데, 이 지구의 위치가 바로 편심이다. 편심은 지구

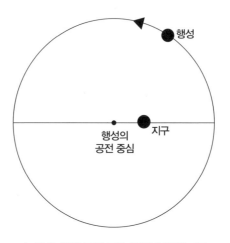

<그림 4> 행성의 공전 중심과 편심에 위치한 지구

에서 행성들을 관측할 때, 행성들의 크기가 조금씩 달라 보이게 되는
것과 천체 회전의 중심(기하학적으로 떨어진 거리가 서로 동일하다는 의미를 지니는 중심
일 뿐, 특별한 의미가 없는 중심점)을 기준으로 행성들의 회전 속도가 일정하더
라도, 지구에서 보게 되면 위치에 따라 행성들의 속도가 달라져 보이게
되는 현상을 설명할 수 있도록 해 준다.

이렇게 편심을 도입한 이유는 지구 주위를 행성들이 공전한다는 것
과 행성들이 원궤도로 등속운동을 하고 있다는 원칙을 깨뜨리지 않기
위한 것이었다. 하지만 이렇게 되니 자연스레 '지구 중심의 원운동'이라
는 원칙은 깨져 버렸다. 그렇다고 프톨레마이오스의 이런 모형이 행성
의 크기와 운동 양상을 완벽하게 설명해 주는 것도 아니었다. 왜냐하면
이런 모형에 따른다면 때때로 달의 크기가 어떤 곳에서는 다른 곳에 있
을 때와 비교해서 두 배 가까이 크게 보여야만 했는데, 실제 그런 현상
은 발생하지 않기 때문이다. 프톨레마이오스는 이런 모순들에 대해서

는 간과하고 무시했다. 단지 프톨레마이오스는 행성의 역행과 불규칙한 운동을 설명하기 위한 목적으로 이심원 궤도에 주전원을 올려놓고 편심을 도입했을 뿐이다.

프톨레마이오스의 주전원 모델에서 특히 눈여겨 볼 점은 지구와 태양을 잇는 선이 항상 행성과 주전원의 중심을 잇는 선과 평행이라는 것이다. 이것은 태양이 지구를 중심으로 회전하는 주기가 주전원을 그리며 돌고 있는 행성의 회전 주기와 동일하다는 것을 의미한다.

그런데 편심을 적용시킨 그림과 이심원을 돌고 있는 주전원 운동에 대한 그림을 교차시켜 보면 상당히 복잡해져 버린다. 앞서 설명한 바와 같이 프톨레마이오스는 천체들의 운동에 관한 속성을 규명하는 데 주력했지, 완벽한 균형과 조화를 갖춘 행성계 모형을 추구하는 데 최종

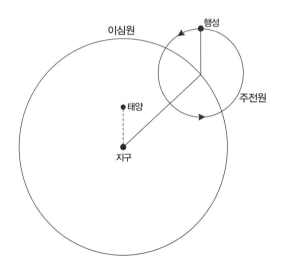

〈그림 5〉 프톨레마이오스의 주전원 운동 모델

목표를 둔 것이 아니었음을 상기하자. 그런 의도는 『알마게스트』의 진술 과정에서 줄곧 표현되고 있다.

프톨레마이오스의 시스템에서 태양은 이심원 궤도를 1년 동안 한 번 회전한다. 이것은 태양의 연주 운동에 관한 것인데, 그럼 태양이 하루에 한 번씩 동쪽에서 떠서 서쪽으로 지는 것은 어떻게 설명할 수 있을까? 그리고 태양뿐만 아니라, 행성들과 별들 역시 하루에 한 번씩 동에서 떠서 서쪽으로 지는데 이건 어떻게 설명할 수 있을까? 프톨레마이오스는 태양, 행성들, 별들의 이심원 궤도가 지구 주위를 하루에 한 번씩 회전하는 것으로 설명했다. 즉 이심원 궤도 자체가 지구 둘레를 하루에 한 번 회전하는 것으로 일주 운동의 원리를 설명하려 했던 것이다. 하지만 태양의 경우에는 그리 복잡하지 않게 설명이 가능했으나,

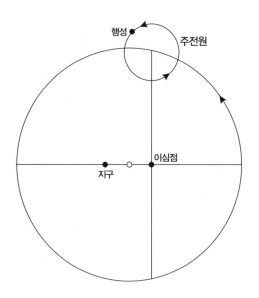

〈그림 6〉 프톨레마이오스의 이심점이 표현된 모델

행성들의 경우는 좀 달랐다. 특히 화성의 경우에는 너무 복잡해서 제대로 설명하는 게 불가능했다. 결국 프톨레마이오스는 '화성의 회전이 등속 운동을 하지 않는 것 같다'는 결론을 제시하며 자신이 파 놓은 함정으로부터 빠져 나가 버렸다.

프톨레마이오스는 관측된 현상을 구제하기 위한, 즉 관측된 현상을 기하학적으로 정확하게 설명하기 위한 또 하나의 시도로 이심점(離心點, equant)을 제안했다.

이심점은 행성들이 돌고 있는 이심원의 회전 중심에서 지구의 위치와는 반대쪽에 위치한 대척점(對蹠點)인데, 이심점에서 관측되는 행성의 운동 속도는 일정하다고 간주된다. 프톨레마이오스는 행성들이 본연적으로는 일정한 운동 속도를 가진다는 점을 만족시키면서도 지구에서 관측될 때 행성들의 운동 속도가 빨라지거나 느려지게 나타날 수 있음을 설명하기 위해 이심점을 제안한 것이다. 프톨레마이오스의 이런 이론들이 지금의 시각으로는 상당히 허황된 것으로 보이지만, 당시 직업적 천문학자들과 점성술사들에게는 상당히 각광을 받았다. 왜냐하면 몇 가지 풀지 못한 문제들이 있다 할지라도 『알마게스트』가 각 행성들의 운동만큼은 나름 수학적 논증들을 통해 제대로 설명하고 있다고 여겨졌기 때문이었다. 이런 신뢰에 힘입어 프톨레마이오스 천문학은 오랫동안 성공을 이어갈 수 있었다.

신플라톤주의자들의 사상과 우주론

갈릴레이를 제외하면 근대 천문학을 개척했던 학자들 대부분이 신학자 또는 신적 영감이 충만했던 사람들이었다. 당시 교육기관들 대다수는 신학교 형태를 띠고 있었는데, 천문학은 거의 모든 신학교에서 필수 과목으로 강의되고 있었다. 코페르니쿠스, 티코, 케플러 등 많은 천문학자들이 어린 학창시절을 신학교에서 보냈다. 이것은 르네상스 시대를 주도했던 신플라톤주의 학자들 역시 마찬가지였다. 신플라톤주의에 의해 근대 천문학이 어떻게 태동되었는지 그 계보를 한번 살펴보자.

르네상스 시대에 플라톤주의의 새로운 출발점을 제시한 인물은 프란체스코 페트라르카(Francesco Petrarch, 1304-1374)였다. 계관시인(桂冠詩人)의 칭호까지 얻었던 그는 르네상스의 문턱에서 당대의 정신세계를 면밀히 분석했다. 페트라르카는 그리스 고전 연구에 있어서는 광적(狂的)인 인문주의자(人文主義者)였으나, 신앙에 있어서는 독실한 기독교도(基督敎徒)였다. 그는 키케로(Marcus Tullius Cicero, BC. 106-43)와 아우구스티누스(Augustinus, AD. 354-430)를 동일하게 진리의 표준으로 삼고, 고대 가치관과 기독교 이상 사이에서 조화로운 융합을 시도했다. 그런데 14세기 중반 이탈리아에서는 그리스어를 제대로 아는 사람의 거의 없었다. 그래서 페트라르카에서 출발한 이탈리아의 인문주의는 전적으로 라틴어로 쓰여진 작품들을 복원하는 것에 한정될 수밖에 없었다.

정작 정통(正統)이라고 할 수 있는 고대 그리스어와 여러 철학자들의 작품에 대한 체계적인 연구는 그로부터 반(半)세기가 더 지나서야 이루어졌다. 실제 유럽에서 그리스 고전(古典)의 본격적인 부흥이 시작된 것은 동로마제국(Byzantine Empire) 멸망(1453년) 전후로 다수의 학자들이 이탈리아로 유입되면서부터였다.

페트라르카의 학문을 계승한 대표적인 학자로서 니콜라우스 쿠자누스(Nicolaus Cusanus, AD. 1401-1464)가 있다. 프로클로스(Proklos, AD. 410-485)의 사상은 쿠자누스에 의해 최고의 정점에 이르렀다. 프로클로스는 대표적인 신플라톤주의 학자인데, 그의 철학은 중세를 거쳐 르네상스 시대에 이르러 피렌체 아카데미아를 통해 유럽 전역으로 전파되었다. 그의 사상은 당시 거의 모든 학문에 영향을 끼칠 정도였다.

한편 쿠자누스는 프로클로스적 이념으로 무장하고 아리스토텔레스적 스콜라주의(scholasticism)를 철저히 혁파하고자 했다. 그는 자신의 저서 『박학한 무지(De docta ignorantia)』를 통해 신은 '절대적'인 존재이며, '수학적' 사유방식을 통해서만 이 세상에 대한 이해를 올바르게 할 수 있다는 견해를 펼쳤다. 즉, 쿠자누스는 신학적 영감과 기하학적 요소를 함께 강조함으로써 신플라톤주의를 그대로 실천하려 했음을 알 수 있다. 게다가 사람들이 오랫동안 견지한 지구중심적 사고에 대해 "그 어디에나 존재하게 될 자는 스스로가 중심에 존재한다고 믿는다"라는 지적을 통해 세상 사람들이 본능적으로 지니고 있던 '자신이 살고 있는 지구가 곧 이 세상의 중심이다'라는 인식은 분명 경계할 만한 것이라고 강조했다. 그의 이런 학문적 태도는 철저히 형식적 개념의 틀 안에서만 사유가 가능했던 스콜라학자들의 방식과는 상당히 대조를 이루는 것이었다.

쿠자누스 이론의 가장 두드러진 특징은 신과 인간, 단일성과 다양성, 천체와 지구의 관계 등과 같은 주제들을 수학적인 방법, 특히 기하학적인 방식으로 해결하려 했다는 점이다. 이것은 온전히 플라톤적 방식이다. 그의 이런 접근법은 이전의 학자들로부터는 찾아볼 수 없는 것이었다. 그는 '원래 모든 수학적 대상들은 유한한데, 그런 유한한 것을 탐구하여 최상의 것을 추구하기 위해서는 일단 유한한 수학적 대상들 간의 속성과 관계를 완전하게 모두 고려해야만 한다'고 강조하면서, 그런 과정을 거쳐서 이해된 것들을 다시 무한한 대상으로 알맞게 전이시킴으로써 비로소 '무한한 단순함'을 이끌어 낼 수가 있다고 주장했다.

쿠자누스는 『박학한 무지』에서 지구의 위치 설정에 대해 "마치 땅(지구)이 우주의 중심이 아닌 것처럼, 항성들의 궤도(하늘) 역시 우주의 원주는 아니다. 비록 땅과 하늘의 관계를 비교할 경우에 땅은 중심으로, 하늘은 원주에 더 가깝게 보인다고 할지라도…"라는 설명을 통해 선행 학자들의 이론들을 부정했다. 그는 특히 만유들 가운데 땅은 하나의 점에 불과할 뿐, 중심이 아니라고 확실하게 못을 박았다. 이런 관점은 훗날 코페르니쿠스가 가설을 수립하는 과정에서 중요한 역할을 하게 된다. 그는 이전의 신플라톤주의자들과는 달리 기독교 신학에 위배되는 것들을 단호히 거부했는데, 창조의 영역에서 절대자와 피조물 간에는 그 어떤 중개자도 필요치 않을 뿐더러, '우주혼(anima mund)'이라는 것도 결코 존재하지도 않고, 신들 역시 다양하게 존재하지 않는다고 역설했다.

한편 이 시기에 신플라톤주의 학자들에 의한 아리스토텔레스 사상에 대한 비판이 다각도로 이루어졌는데, 플레톤(Georgios Gemistos Plethon, AD. 1355-1450)은 그의 저서 『플라톤 철학과 아리스토텔레스 철학의 차이 (De Platonicae et aristotelicare philosophiae differentia)』를 통해 아리스토텔레스가 고대 헬라의 전통적 세계관을 따르지 않고 자연주의적 입장만을 견지한 채, 독자적인 사유(思惟) 방식을 채택했다는 점을 강하게 비판했다. 플레톤의 이런 사상은 더욱 발전하면서 르네상스 시대의 사상가들로 하여금 헬레니즘(Hellenism)으로 귀환함에 있어, 그 기조(基調)가 이젠 아리스토텔레스가 아닌 플라톤으로 초점 지워지도록 유도했을 뿐만 아니라, 피렌체 아카데미아(Firenzer Academia: 르네상스의 중심지 피렌체에서는 아카데미아를 중심으로 사상과 학문이 연구되고 발전했으며, 이는 메디치 가문이 아카데미아의 설립을 주도하면서 고전 연구를 독려했기에 가능한 것이었는데, 가톨릭교회 당국은 이러한 연구 활동들을 신에 대한 도전이 아니라, '인간정신의 자연스러운 구현 과정'으로 간주하고 널리 장려하고 있었다)가 프로클로스의 이념을 기치로 삼아 신플라톤주의를 지향하며 나아가는 데 크게 이바지했다.

아리스토텔레스 사상이 그랬던 것과 마찬가지로 신플라톤주의 사상이 기독교와 결탁하는 사례가 발생하기 시작했다. 마르실리오 피치노(Marsilio Ficino, 1433-1499)는 신플라톤주의를 '기독교를 위한 보조 수단'으로 활용하고자 했다. 그는 오랫동안 기독교 사상과 잘 융합해 왔던 아리스토텔레스의 사상들이 이젠 오히려 종교적 신앙심을 약하게 만든다고 비판하면서 그 대안을 자신의 저서 『플라톤 신학(Theologia Platonica)』을 통해 소개했다. 그는 이 책을 통해 '인간은 우주의 중심이며 영원한 것과 사라지는 것들 사이의 연결고리'라고 주장했다. 실제 13세기에 아리스토텔레스 자연철학이 자유주의적 학문 경향을 지닌 대학들 사이에서 한창 유행했을 때에도 일부 성경의 내용과 상충되는 부분들에 대해서는 보수주의 신학자들의 거센 공격을 피할 수가 없었다.

피치노는 플라톤의 『티마이오스』를 번역하고 주해(註解)함으로써 '정통 기독교 사상의 연구'라는 기치 아래 이교도(異敎徒) 세계관의 철학적 가치를 증명했으며, 그 과정에서 추출된 결과들을 자신의 신학과 우주론의 연구 토대로 삼았다. 피치노는 『티마이오스』와 관련해 오랫동안 학자들의 관심의 초점에 자리잡고 있던 '만물의 창조자 데미우르고스 신화의 본성과 기능'에 대해 특히 주목했는데, 그런 주제에 대한 기독교적 해석의 가능성 및 창세기(創世記)에 소개된 기독교 창조설과의 일치 가능성 등을 두루 살핌으로써 우주 창조를 합리적으로 이해할 수 있도록 다양한 기초를 제공했다.

한편 피치노는 광범위한 사상적 유산들을 응집력 있고 생기가 있는 체계로 재구성하여 그 결과로부터 추출된 새로운 의미를 베르길리우스(Vergilius Maro, BC. 70-19)와 키케로에게로 스며들게 하였다. 그리고 그의 피렌체 아카데미아에서 이루어진 신플라톤주의적 철학은 플라톤을 철학자로서가 아니라 우주론자나 신학자로 간주했으며, 플라톤주의와 신플라톤주의를 따로 구분짓지도 않았다. 하지만 구성적인 측면에서 플라톤적인 것과 플로티노스(Plotinos, AD. 205-270. 신플라톤주의 창시자라고 일컬어짐)적인 것, 후기 그리스 우주론과 기독교 신비주의, 호메로스(Homeros)의 신화와 유대교 신비주의, 아라비아의 자연과학과 중세 스콜라철학 등을 함께 결합시킴으로써 다소 형이상학적인 경향을 띠고 있다는 약점을 내포하고 있었다.

2장
근대 천문학

1. 고전 천문학의 불길한 조짐

프톨레마이오스(Ptolemaeos, AD. 90-168) 이전의 고대 천문학이 형이상학적 논리에 입각한 것이었다면, 프톨레마이오스는 천문 현상을 수리적 논증으로 집대성했다는 점에서 고전 천문학의 새로운 경계를 수립했다고 할 수 있다. 그의 저서 『알마게스트』는 수리적 논증을 통해 지구중심설을 구체화시킨 것으로서, 17세기까지 지구중심설을 견지하고 있던 고전 천문학자들의 수리적 해석의 기본서(基本書)가 되었다. 기독교 세계관과 아리스토텔레스 자연철학, 그리고 프톨레마이오스 천문학은 고전 천문학계의 삼위일체(三位一體)가 되어 인간중심, 지구중심의 우주론을 오랫동안 전개해 갔는데, 이런 결합은 상호 보완적 역할을 착실히 수행하며 신(新)플라톤주의에 영향을 받은 코페르니쿠스가 등장하기 전까지 장기간 성공을 이어 나갈 수 있었다.

프톨레마이오스 천문학은 천체 운동과 관련해 충분하다고 여길 만큼의 합리적인 해석으로 간주되었으므로 비록 몇 가지 모순들을 안고 있긴 했으나, 그 모순들의 원인은 인간 능력의 한계로부터 비롯된 것이라고 치부했다. 그로 인해 당시 천문학계는 지구중심설 외에 다른 대안을 전혀 찾지 않고, 오랫동안 지구중심설만을 고수했다. 이런 분위기는 코페르니쿠스의 등장 이후에도 곧장 사라지지 않았는데, 고전 천문학계는 천상계 운동의 부조리를 끝까지 프톨레마이오스 천문학 범주 안에서만 해결하려는 모습을 보였다.

아리스토텔레스 우주론은 나름 프톨레마이오스 천문학의 철학적 표현이었다. 그렇다고 아리스토텔레스 우주론과 프톨레마이오스 천문학이 마냥 조화로운 관계를 유지한 것만은 아니었는데, 르네상스 시대 말까지 아리스토텔레스 우주론은 프톨레마이오스 천문학과 서로 긴장과 견제를 풀지 않으면서 오랫동안 대학 강단에서 논쟁을 벌이며 상호 모순에 대한 공격을 멈추지 않았다.

코페르니쿠스는 『천구의 회전에 관하여』 제1권에서 아리스토텔레스가 '지구를 중심으로 천체들이 포함된 천구가 회전한다'고 주장한 것에 대해 '지구가 회전하기보다 지구를 둘러싸고 있는 것들, 즉 천상계 전체가 회전한다는 것은 확실히 부조리하다'고 단언했다. 그리고 덧붙여 프톨레마이오스가 주장했던 '지구가 하루에 한 바퀴 자전하게 되면 그 속도가 엄청나게 빠를 것이기 때문에, 아마 지구는 오래 전에 산산이 부서져 하늘 너머 먼 곳으로 날아가 버렸을 것이다'라는 내용도 함께 소개하면서 그에 대한 반박으로 '지구를 둘러싸고 있는 천상계는 더 큰 규모를 이루고 있기 때문에, 이들이 하루에 한 바퀴씩을 회전하려면 지구가 자전하는 것보다 더 큰 속도로 회전해야 하는데, 그렇다면 하늘의 크기는 원심력으로 인해 더욱 더 커져 무한대가 될 것이고, 그 무한대에 가까운 원주를 회전시키려면 회전 속도 역시 무한대로 빨라져야 한다는 모순이 생기는데, 이는 절대 불가하다'고 지적하면서 지구의 자전 현상은 분명한 사실일 수밖에 없다고 주장했다.

한편 태양의 위치에 대한 주제에서도 『알마게스트』 제3권은 '태양의 운동에 의한 위치 및 각도 변화'에 따른 설명을 통해 태양은 반드시 운동하고 있다고 논증하고 있는 데 반해, 『천구의 회전에 관하여』 제3권

테두리에는 '신과 모든 선민들이 임하시는 지상을 지배하는 하늘'이라고 적혀 있다.

〈그림 7〉 16세기에 그려진 아리스토텔레스의 우주도-지구중심설

에서는 '태양은 분명 이 세상의 중심이다'라는 논증 결과를 구체적으로 제시하고 있다.

그런데 프톨레마이오스의 『알마게스트』가 펼치고 있는 수리적 논증을 반박하기 위해 코페르니쿠스가 사용했던 도구는 결코 새롭게 개발된 것이 아니었다. 코페르니쿠스는 『천구의 회전에 관하여』 제1권 제12장에서 자신의 연구는 거의 대부분이 직선, 원호, 구면삼각형을 통해 논증하게 되는데, 이런 것들은 모두 유클리드(Euclid, BC. 330?-275?)의 기하학을 응용한 것이며, 또 한편으로는 프톨레마이오스가 논증 도구로 삼았던 평면삼각형과 구면삼각형의 현, 변, 각을 다시 적절하게 재(再)응용한 것임을 뚜렷이 밝히고 있다.

실제 그 당시까지 수학은 근대적 기틀이 잡히지 못한 상태였다. 16세기에 '수학'이라는 학문은 그 지위가 예전보다 많이 승격되었다 할지라도 건축, 공학과 같은 실용적인 측면에서 주로 이용되었을 뿐이며, 그렇지 않은 경우는 수도원에서 4과(산술, 기하, 천문, 음악)의 학문적 전통을 유지하는 정도에 불과했다. 게다가 '순수한 수학'이라는 것도 고전 텍스트에 대한 맹목적 몰입과 종교의 권위를 유지하기 위한 정도의 한정된 수준으로 제한되었다. 이런 사실들을 종합해 볼 때, 태양중심설이 지구중심설을 축출하는 과정에서 '보다 발달된 수학적 도구의 개발'이 필연적 조건으로 작용하지 않았음이 확인된다.

코페르니쿠스 전문가인 오웬 깅그리치(Owen Gingerich)의 계산치에 따르면 『천구의 회전에 관하여』는 1543년에 뉘른베르크에서 초판이 대략 400~500부 정도 인쇄되었다고 추정된다. 그리고 제2판은 1566년에 바젤(Basel)에서 출판되었는데, 어느 정도 수학적 재능이 있는 학자라야만 이해와 분석이 가능했고, 태양중심설에 대한 당시 학계의 반응은 몇몇 학자들을 제외하고는 그리 호의적이지도 않았기 때문에, 폭넓은 수요층이 형성되기가 어려웠다(『천구의 회전에 관하여』가 출판된 후, 책의 유포 과정이 매우 소극적으로 진행되었다는 점도 폭넓은 독자층을 확보하지 못한 이유들 중 하나로 작용했는데, 이와 관련된 것은 잠시 후에 살펴보게 된다). 하지만 코페르니쿠스의 등장으로 인해 아리스토텔레스 물리학과 프톨레마이오스 천문학은 기본 원칙에서부터 신뢰성을 상실해 가기 시작했다. 이젠 고전 천문학이 '전통 계승'이라는 명분만을 앞세워 학계를 끌고 가기엔 도저히 불가능한 상황이 되고 말았다. 이것은 곧 아리스토텔레스와 프톨레마이오스 체계의 붕괴를 예고하는 것이었다.

2. 코페르니쿠스 이론의 등장과 학계의 반응

『천구의 회전에 관하여』가 출판되고 조금씩 배포되는 과정에서 코페르니쿠스의 새로운 행성 체계에 대한 학계의 회의적인 반응은 당연한 것이었는데, 1543년에서 1600년까지의 기간에 코페르니쿠스 패러다임으로 개종한 천문학자는 극소수였다. 이런 결과는 세 가지 이유에서 비롯되었다. 첫째는 오지안더(Andreas Osiander, 1498-1552)가 작성한 『천구의 회전에 관하여』 서문(序文) 때문이었고, 둘째는 『천구의 회전에 관하여』의 내용들이 어려운 천체기하학(天體幾何學)적 논증들로 이루어졌기 때문이었고, 셋째는 『천구의 회전에 관하여』가 출판된 후에 유포 작업이 효율적으로 진행되지 않았기 때문이었다.

『천구의 회전에 관하여』의 출판은 레티쿠스(Rheticus, 본명은 Georg Joachim von Lauchen, 1514-1574)가 프롬보르크(Frombork)에 있던 코페르니쿠스로부터 원고를 넘겨받아 당시 출판 전문가였던 요하네스 페트라이우스 (Johannes Petreius)가 운영하던 뉘른베르크의 한 인쇄소에 체류하면서 이루어졌다. 그러나 막상 편집 작업이 시작되고 얼마 되지 않아 레티쿠스는 라이프치히대학의 교수로 임용되는 바람에 출판 작업을 깨끗하게 마무리 짓지 못하고 수학과 천문학에 조예가 깊었던 루터파 신학자 오지안더에게 원고 편집 작업을 위탁하고 라이프치히로 떠나야만 했다. 당시 오지안더는 루터교 목사로 뉘른베르크에 부임해 있었는데, 레티쿠스와 절친한 사이였던 그는 인쇄 전문가 페트라이우스와도 친분이 돈독했다. 이런 상황에서 오지안더는 『천구의 회전에 관하여』의 서문을 대신 편집했는데, 그 주된 핵심은 '코페르니쿠스 이론은 단지 가설일 뿐이며, 이 책의 내용이 사실이라고 믿는 것은 어리석은 짓이라는 것'이었다. 이 서문의 작성 의도가 어떤 것이었든지 간에 나름 효과를 발휘한 듯 보이는데, 『천구의 회전에 관하여』가 가톨릭교회 당국으로부터 위협적인 대상이라고 인식되기 시작한 것은 책이 유통되고도 한참 후의 일이었다.

그런데 코페르니쿠스 곁에서 『천구의 회전에 관하여』의 출판 작업에 큰 기여를 했던 레티쿠스는 책 서문에 자신의 공로에 대한 내용이 조금도 언급되지 않은 것에 분개한 나머지 『천구의 회전에 관하여』가 출판된 후, 중요한 후속조치라고 할 수 있는 유포(流布)작업엔 손을 떼버렸다. 그 덕분에 출판 과정과 연계된 기획 단계에서 인쇄 작업을 장기간 지속해야만 할 사업적 근거가 부족하고 말았다. 코페르니쿠스에게 『천구의 회전에 관하여』를 빨리 출판하도록 독려해 왔던 쿨름(Kulm)의 주교 티데만 기세(Tiedeman Giese)가 레티쿠스에게 오지안더가 작성한 엉터리 서문에 관한 심각성을 지적하면서 그와 관련된 해결책을 부탁했지만, 레티쿠스가 정작 그 문제와 관련된 행동을 본격적으로 취한 것은 책이 출판되고 수년이나 흐른 뒤였다.

케플러의 행성운동 1, 2, 3법칙이 발견될 때까지도(17세기 초까지도) 아리스토텔레스, 프톨레마이오스 추종자들은 자신들의 모순점을 보완하기 위한 목적으로만 코페르니쿠스 시스템의 일부 사항들에 관심을 두고 있을 뿐이었다. 당시 코페르니쿠스 시스템이 빠른 속도로 천문학계를 정복하지 못했던 이유는 지구중심설이 지닌 맹점에 대한 비판이 꾸준히 제기되긴 했지만, 지구중심설을 쉽게 폐기할 만큼 학계의 분위기가 새로운 행성 체계에 대한 열망이 절실하지 않았고, 항성에 관한 한 프톨레마이오스 시스템은 오늘까지도 하나의 실용적인 근사값으로 사용될 만큼 나름대로 만족스러웠으며, 행성의 운동에 관한 예측 역시 코페르니쿠스 시스템만큼이나 정확했기 때문이었다. 게다가 새롭게 등장한 태양중심설이 프톨레마이오스의 것보다 월등히 우수하다고 느낄 만큼 더 간결하거나 더 정확하다고 여겨지지도 않았다.

코페르니쿠스 이론이 학계에 쉽게 수용되지 못했던 또 다른 이유가 있었다. 그 당시엔 정식 학문으로 인정받기 위해서는 '다양한(특히 자연철학, 종교, 그리고 문화적 인식과 관련된) 분야의 타(他)이론들과 전체적인 통일성을 가질 수 있는가?'라는 조건을 충족시킬 수 있어야만 했다. 그러나 코페르니쿠스의 가설은 그렇지가 못했다.

16세기의 천문학자 그룹들은 코페르니쿠스의 태양중심설과 직면하면서 선택적 기로에 서게 되었다. 첫째는 기존의 패러다임을 고수한 채 몇 가지 모순점들을 제거하기 위한 코페르니쿠스 태양중심설의 부분적 응용, 둘째는 기존의 시스템들을 완전히 폐기하고 코페르니쿠스 태

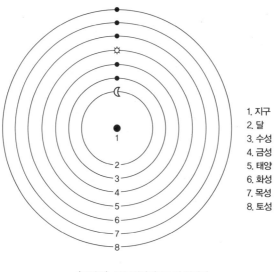

1. 지구
2. 달
3. 수성
4. 금성
5. 태양
6. 화성
7. 목성
8. 토성

〈그림 8〉 프톨레마이오스의 행성계

양중심설의 적극적 수용, 셋째는 철저히 기존 패러다임을 고수하는 것, 이 세 가지 중에서 어떻게든 하나를 선택해야만 했다.

이런 과정은 과학혁명이 시작되면서 점차 심화 단계로 접어들고 있음을 확인시켜 주는 것인데, 실제 티코(Tycho Brahe, 1541-1601)가 코페르니쿠스의 태양중심설을 일부 수용해서 아리스토텔레스, 프톨레마이오스, 코페르니쿠스의 것들과는 다른 독창적인 우주모델을 만들어 냈다는 점, 케플러와 갈릴레이는 처음부터 코페르니쿠스 패러다임이 진정 참이라는 확신을 갖고 그 틀에 부합하는 관측과 계산을 통해 좀 더 정교한 태양중심설 모델을 만들어 냈다는 점, 17세기로 접어들 때까지도 대부분의 고전 천문학자 그룹들이 여전히 아리스토텔레스, 프톨레마이오스 패러다임을 신봉하며 심미적(審美的) 우주론 모델을 완성하기 위한 연구를 지속했다는 점 등을 통해 세 가지 선택 사항들이 모두 진행되고 있었다는 것이 확인된다.

특히 대학에 포진하고 있던 기독교 신학자들과 정통 아리스토텔레스 추종자들은 17세기 후반까지도 그들의 우주론을 쉽게 포기하지 않았다.

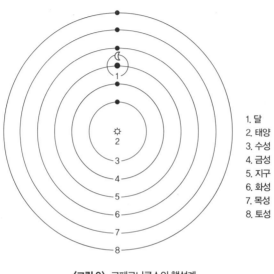

1. 달
2. 태양
3. 수성
4. 금성
5. 지구
6. 화성
7. 목성
8. 토성

〈그림 9〉 코페르니쿠스의 행성계

티코는 태양중심설을 부분적으로 응용하여 당시 수준으로서는 놀랄 만큼의 정밀한 관측값을 토대로 독특한 구조를 지닌 새로운 지구중심 행성계를 설계했는데, 이것은 코페르니쿠스 이론이 절대적 가치로 인정받던 프톨레마이오스 천문학과 아리스토텔레스 우주론의 축출 작업을 시작한 이래로 천문학계에서 인정할 만한 것들 중 가장 뚜렷한 '패러다임의 변종 과정'이라고 평가된다.

티코는 프톨레마이오스 천문학을 공부하면서 품었던 의문점들을 코페르니쿠스의 가설을 통해 부분적인 해답을 찾으려 했는데, 티코의 그런 시도는 프톨레마이오스 시스템만으로는 도저히 근본적인 해답을 찾을 수 없다는 확신 아래에서 이루어진 것이었다. 그러나 티코는 자신의 종교적 신념 더불어 아리스토텔레스 원칙을 준수해야만 한다는 강박관념에서 결코 벗어나질 못했다. 그래서 정통 프톨레마이오스 천문학을 부정했을지라도 코페르니쿠스가 제안한 새로운 시스템으로 쉽게 빨려 들질 않았다.

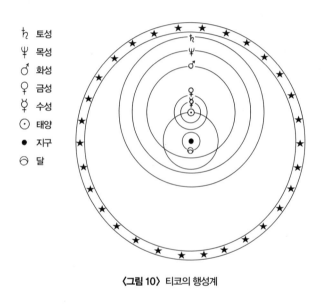

<그림 10> 티코의 행성계

만약 티코의 관측값이 없었더라면, 케플러는 자신의 행성운동 제1, 2, 3법칙을 쉽게 유도해 내지 못했을 것이다. 그리고 고대 피타고라스의 수(數) 개념과 고전 음악의 음률 법칙 역시 제3법칙인 '조화(調和)의 법칙'이 수립되는 과정에서 핵심적인 역할을 수행했다.

갈릴레이는 원궤도를 끝까지 견지함으로써 케플러의 법칙을 인정하지는 않았지만, 자신이 직접 개량한 망원경을 이용해 금성의 위상 변화, 목성의 위성 발견, 그리고 태양의 흑점 등을 관측함으로써 신학에 기초한 고전 천문학의 구조적 모순을 확실히 반증해 보였다. 갈릴레이는 자신의 발견을 통해 코페르니쿠스 행성계가 옳다는 것을 만천하에 천명했다. 이 사건으로 인해 천문학에서 망원경의 역할은 더 없이 중요한 것이 되었다. 이처럼 논리력의 증대와 관측 기기의 발달로 인해 코페르니쿠스 행성계의 위상과 영향력은 점차 확대되었다.

『천구의 회전에 관하여』가 출판되자, 코페르니쿠스의 이론은 맥락적 역할을 수행하며 천문학 연구 결과들을 하나로 응축하는 구심점이 되었을 뿐만 아니라, 시간이 흐르면서 천문학 영역을 넘어 모든 학문의 가치 체계를 재구성하도록 압박하는 중핵적(中核的) 역할을 수행하게 되었다. 이런 과정을 통해 『천구의 회전에 관하여』(1543)의 출판에서부터 『자연철학의 수학적 원리(*Philosophiae Naturalis Principia Mathematica*)』(1687)의 출판까지 대략 150년의 기간 동안 이루어졌던 연구 활동들은 행성들의 개별적 운동 방식을 정리하고 관측값의 전체적인 조화를 꾀했던 고전 천문학의 연구 방식에서 과감히 탈피해, 지구중심설과 태양중심설이라는 두 개의 패러다임으로부터 추출해 낸 관측값들을 상호 비교·분석하는 과정을 통해 '수리적 정교화'를 꾀하는 방향으로 연구 초점이 이동했으며, 오래 전부터 천문학에 내재되었던 신학적(神學的) 요소들을 제거해 가는 작업에도 박차를 가하기 시작했다.

르네상스 시대로 접어들면서 시작된 아리스토텔레스 우주론과 신(新)플라톤주의 우주론 간의 논쟁은 17세기까지도 여전히 이어졌다. 그런 분위기 속에서 코페르니쿠스를 비롯한 16~17세기의 초기 근대 천문학자들은 지속적으로 아리스토텔레스 세력들과 맞서며 투쟁을 이어갔는데, 결국 케플러, 갈릴레이, 뉴턴을 비롯한 여러 천문학자들의 보다 정밀한 관측과 다양한 수학적 논증 등을 통해, 태양중심설이 완전한 이론으로 자리를 잡으면서 근대 천문학은 막(幕)을 열었다. 이러한 과정들은 모두 코페르니쿠스가 등장함으로 인해 가능했던 것이기에 『천구의 회전에 관하여』가 지닌 과학사적 의미는 매우 크다고 할 수 있다.

마침내 뉴턴의 『자연철학의 수학적 원리』(1687)가 소개되자, 18세기로 접어들면서 태양중심설의 진위에 대한 학계의 논쟁은 완전히 자취를 감추게 되었다.

3. 영국에서 이루어진 태양중심설의 완결

16세기에서 17세기 초 사이의 영국은 과학사적 측면에서 볼 때, 유럽 대륙의 국가들에 비해 격리된 상황에 놓여 있었다. 영국에서 코페르니쿠스 이론이 처음 소개된 사례는 1556년 로버트 레코드(Robert Recorde, 1512-1558)의 저서 『지식의 성(The Castle of Knowledge)』을 통해서였다. 이 책은 학생들을 위한 천문학 기본서였다. 이 책은 어떤 학자와 그의 스승 사이의 대화를 통해 내용을 하나씩 풀어가는 구성 방식을 취하고 있는 것이었는데, 전반적으로 프톨레마이오스 천문학을 소개하는 내용을 다루었으며, 책의 마지막 부분에서 코페르니쿠스에 대한 내용을 약간 언급하고 있다. 주된 내용은 전통적 논쟁거리였던 '실제 지구가 우주의 중심에 위치하고 있는가?'에 대한 것과 '지구가 운동을 하고 있는 것인가?'에 대한 것이었다.

1600년 이후부터 지구의 운동을 부정하는 영국 학자들의 수는 조금씩 줄어들기 시작했다. 특히 과학적 방법론에 지대한 영향을 끼쳤던 프랜시스 베이컨(Francis Bacon, 1561-1626)은 1623년에 저술한 『학문의 존엄에 관하여(De Augmentis Scientiarum)』를 통해 코페르니쿠스 이론을 간략하게 설명하면서 프톨레마이오스 천문학을 비판했다.

윌리엄 길버트(William Gilbert, 1544-1603)의 자기장 이론에 깊은 영감을 받은 바 있는 헨리 겔리브란드(Henry Gellibrand, 1597-1637)는 자기장 이론을 코페르니쿠스 이론에 적용시켜 천체의 운동을 해석하려 했다. 그리고 당시 천문학 교수였던 새뮤얼 포스터(Samuel Foster, ?-1652)는 『행성계에 관하여(Of the Planetary Instruments)』라는 논평을 통해 코페르니쿠스가 옳음을 주장하며, 자신이 세상을 떠나게 되는 1652년까지 강단에서 줄곧 태양중심설을 가르쳤다.

스코틀랜드의 경우에는 1660년대 이전까지 코페르니쿠스 이론에 대한 어떤 자료도 발견되지 않고 있는데, 1663년 제임스 그레고리(James Gregory, 1638-1675)의 저서에서 언급이 시작되긴 하지만, 학문적 접근은 1670년경이 되어서야 비로소 이루어졌다. 왜냐하면 17세기 중반까지 스코틀랜드 소재 대학들을 지배하고 있던 학풍은 아리스토텔레스 자연철학이었으며, 그들은 새로운 천문학에 대해 다소 적대적이거나 무관심한 태도를 취하고 있었기 때문이었다. 그러다 1670년대부터는 새로운 학문 경향에 조금씩 눈을 뜨기 시작했으며, 1680년대에 접어들자 대륙에 소재하고 있는 대학들의 과학 연구에 보다 적극적인 관심을 보이면서 자신의 것들과 비교하기 시작했다.

뉴턴은 베이컨적 경험론을 수학적인 방법론과 결합시키기 위해 노력했다. 여기서 '베이컨적'이라는 의미는 이전 시대와는 달리 '편견과 선입견의 제거를 자연 인식의 가장 중요한 우선 조건으로 삼는다'라는 것이다. 하지만 그 당시 베이컨, 파스칼, 후크, 보일의 경험론 모두가 여전히 신학적 배경으로부터 완전히 탈피하지는 못했다. 비록 영국이 대륙에 비해 태양중심설에 대한 연구가 상대적으로 늦었음에도 불구하고, 1687년에 이르러 뉴턴의 『자연철학의 수학적 원리』를 통해 태양중심설을 학문적으로 최종 마무리할 수 있었던 것은 영국 과학사에 있어 대단한 성과라 평가되고 있다. 『자연철학의 수학적 원리』는 『프린키피아(Principia)』라는 별칭으로 더 잘 알려져 있는데, 이 책의 철학적 관점을 한번 살펴볼 필요가 있다.

뉴턴은 『프린키피아』 제3권 마지막 부분에서 '신은 항상 모든 곳에 있으며 실재하고, 인간은 신을 찬양하고 숭배해야 하며, 사물의 모습을 바탕으로 신에 대해 논하는 것이 진정 자연과학에 속하는 것이다'라고 했다. 이것은 코페르니쿠스가 '교황에게 바치는 헌정서'에서 표현한 바가 있는 연구 동기와 매우 흡사하다고 볼 수 있다. 『프린키피아』는 '근대 천문학을 구성하는 기본 원리의 완결체'라고 할 수 있는데, 특히 제1권의 제2장, 제3장에서 논증되는 만유인력 이론과 3가지 운동 법칙을 근거로 한 케플러 법칙의 증명, 그리고 제1권에서 논증되는 법칙 66과 그 부속 논증들을 통해 달의 운동을 명쾌히 규명한 것은 매우 탁월했다는 평가를 받는다. 한편 제3권은 태양계의 구조에 대해 아주 세밀하게 다루고 있는데, 행성들과 위성들의 운동(당시 관측값을 분석해 보면, 행성들이 타원 형태로 공전하고 있음을 보여주고 있었다. 그런데 행성들이 왜 타원 형태로 공전하고 있는지에 대해서는 누구도 제대로 설명하지 못하고 있었는데, 학계에서 오랫동안 해결하지 못했던 이 골칫거리를 뉴턴이 명쾌하게 증명해 버렸음), 달, 혜성을 비롯한 여러 태양계 천체들의 운동을 구체적으로 수리(數理) 논증함으로써 『프린키피아』의 가치를 다시 한 번 재확인시켜 주고 있다.

이런 성과는 태양중심설과 관련해서 대륙에 비해 상대적으로 뒤쳐졌던 영국의 학문적 후진성을 단숨에 역전시켜 버리는 결과를 가져왔다. 대륙의 천문학자들은 『프린키피아』를 통해 태양중심설과 관련된 학문적 논쟁은 더 이상 의미가 없다는 인식을 갖게 되었다. 태양중심설이 코페르니쿠스, 케플러, 갈릴레이, 뉴턴을 거치면서 법칙으로 수립되기까지 비록 각종 이론들이 다양하게 양산되며 복잡한 상황을 맞기도 했지만, 그 기간의 성과는 과학사에 있어 그 유례를 찾기 어려울 정도로 대단한 것이었다.

코페르니쿠스 이론이 영국에 침투하는 과정에서 영국 국교회(Anglican Church) 당국은 태양중심설에 대해 강력한 통제나 법적 제재를 가하지 않았으며, 학계에서도 불미스러운 사건은 전혀 발생하지 않았다.

17세기 말엽까지 종교개혁(Reformation)의 영향을 받은 국가들의 성직자들은 뉴턴의 저작들을 집요하게 비판하거나 제지하지 않는데, 그 이유는 그들의 관심이 다른 곳에 집중되어 있었기 때문이었다. 그 당시 프로테스탄트(Protestant) 국가들의 가장 큰 관심은 가톨릭 세력들의 활동에 관한 것들로 완전히 몰입되고 있었고, 이 두 세력 간의 대립이 어느 정도 안정을 찾게 되면서부터는 프로테스탄트 세력 내에서 계파(系派) 분화가 이루어졌다. 이렇게 세분화된 프로테스탄트의 계파들은 상호 견제하는 적대 세력으로 발전했는데, 그 시기 루터파, 칼뱅파, 성공회파 등을 비롯한 여러 계파들의 관심은 뉴턴에 대한 응징이 아니라, 오직 자신들의 세력 규합에 집중되어 있었다.

4. 동양의 태양중심설 전래 과정

중국

중국의 근대 과학계는 마테오 리치(Matteo Ricci, 중국명 利瑪竇, 1552-1610), 아담 샬(Johann Adam Schall von Bell, 중국명 湯若望, 1591-1666), 페르디난트 페르비스트(Ferdinand Verbiest, 중국명 南懷仁, 1623-1688)에 이르는 3세대에 걸친 예수회 서양 학문 흡수기를 가지는데, 내부적으로는 서양 선교 세력 간의 갈등(17~18세기에는 도미니크派, 프란치스코派, 그 후 19세기 초에는 프로테스탄트 세력과의 교리 논쟁)과 외부적으로는 중국 내 반(反)서학운동 등에 의해 시달려야만 했다.

원원(阮元, 1764-1849)이 1799년에 저술한 『주인전(疇人傳)』에는 중국 및 서양 천문학자 몇몇을 논하고 있는데, 여기에서 코페르니쿠스(중국명 歌白尼)를 언급하는 대목이 있다. 그런데 그는 18세기말 예수회 소속 미셸 브누아(Michel Benoit, 중국명 蔣友仁, 1715-1774)가 코페르니쿠스의 태양중심설을 처음 중국에 소개한 것을 비롯해 그 당시까지 중국에 소개된 서양 학문 대부분을 가리켜 중국의 기존 학설들을 도용해서 이름과 모양만 바꿔 놓은 것들이라며 비판했다. 그리고 태양중심설과 관련해 '과거 湯若望(아담 샬)은 歌白尼(코페르니쿠스)를 지구중심설 주창자라고 기록하고 있는데, 왜 蔣友仁(미셸 브누아)은 歌白尼(코페르니쿠스)를 태양중심설 주창자로 소개하는지 이해할 수 없다'며 이로 인해 서양 학문은 결코 신뢰할 만한 것이 못 된다고 주장했다. 이런 모습은 난징조약(南京條約, 1842년) 체결 이전까지 서양 학문에 대해 취하고 있던 중국 학계의 불분명한 태도를 그대로 반영하고 있다. 이런 복잡한 상황들로 인해 중국 내 코페르니쿠스 이론의 본격적인 도입은 19세기 후반에 이르러서야 가능했다.

일본

1543년, 규슈(九州)의 다네가(種子島)에 포르투갈인이 내항하면서 조총과 탄약의 제조법이 소개되었는데, 일본 본토가 아닌 곳에서는 일본인과 서양인의 접촉이 그 이전부터 있었으나, 직접 상륙하여 본격적으로 서양 문물이 전수되기 시작한 것은 이 때부터다.

1638년, 중국인과 네덜란드인이 무역을 목적으로 나가사키(長崎) 부근에 거주하게 되면서부터 중국과 서양 서적들이 다량 수입되는 과정을 통해 서양 근대 과학이 조금씩 일본 학계에 소개되었다. 그러다 예수교에 대한 박해가 진행되면서 서양 언어를 연구하는 것 이외에는 서양 학문과 접촉하는 것을 금지하는 강력한 제재가 시행되기에 이르렀는데, 1720년경에 예수회 선교사들에 대한 통제가 느슨해지자 서양 학문에 대한 연구가 다시 활기를 띠기 시작했다.

도쿠가와 요시무네(德川吉宗)가 집권하던 시기(1716-1745)의 일본의 실용 천문학자들은 예수회 학자들의 논문을 직접 연구하기 시작했는데, 그들은 언어 장벽으로 인해 상당히 많은 어려움을 겪었다. 이런 상황은 당시 일본의 실용 천문학자들이 조선의 학자들과는 달리 중국으로부터 수입되는 중국인 학자의 손을 한 번 거친 천문학 관련 서적들에 대해 굳이 의존하지 않겠다는 경향이 지배적이었기 때문이었다. 그렇다고 중국의 과학 서적들이 일본으로 전혀 수입되지 않은 것은 아니었는데, 당시 서양 천문학은 크게 두 가지 경로를 통해 일본에 전래되었다.

(1) 중국 소재 예수회 선교사들 또는 그 추종자들로부터 입수된 자료

(2) 일본 소재 서양 학자들과의 직접적인 접촉 또는 유럽에서 직접 전래된 자료

먼저 첫 번째 경우를 살펴보면, 중국에서는 '예수회 선교사들의 거의 독점적인 서양 문물의 전파'라는 특이성으로 인해, 당시 코페르니쿠스 이론의 수용이 상당히 더디게 진행되었다. 왜냐하면 예수회 학자들은 코페르니쿠스의 행성계를 인정하지 않았기 때문이다. 1760년경에 이르러 미셸 브누아(Michel Benoit)에 의해 코페르니쿠스 이론이 중국에 소개되자 중국 학계는 한동안 격심한 논쟁에 휩싸이기도 했는데, 이 사건의 여파가 일본에 영향을 미칠 만큼 양국 간의 소통이 원활한 시기는 아니었다.

기록상으로만 본다면 1846년 막부(幕府) 소속 천문학자 시부카와 가게슈케(渋川景佑, 1787-1856)의 저서 『새로운 기법에 의한 달력에 관한 논문의 속편』을 통해 코페르니쿠스 이론이 처음 소개되었지만, 태양중심설과 관련된 몇 가지 정보들은 벌써 그 이전부터 서양 학문과의 접촉을 통해 전래된 상태였다. 그에 앞서 시즈키 타다오(志筑忠雄, 1760-1806)는 자신의 저서 『달력과 관련된 현상에 대한 새로운 논집』에서 중국을 통한 예수회 서적에서 태양중심설과 관련된 삽화를 본 경험이 있음과 1780년대에 자신이 번역한 영국의 존 케일(John Keill, 1671-1721)의 작품을 통해 코페르니쿠스 이론에 대해서는 이미 인지하고 있었음을 밝혔다.

이처럼 일본이 달력 제작과 관련된 서양의 정보를 중국을 경유하는 과정을 통해 어느 정도 차용하고 있었음에도 불구하고, 실제 코페르니쿠스 이론의 구체적인 내용에 대해서는 중국 학계로부터 직접 영향을 받았다고 할 만한 결정적 사례는 발견되지 않고 있다. 이것은 중국에

의해 동양적 해석으로 재탄생한 코페르니쿠스 이론이 당시 일본으로 전해진 바가 없음을 의미한다.

두 번째 경우인 일본이 서양과 직접 접촉함으로써 서양 천문학이 수용되는 과정을 살펴보면, 먼저 예수회 선교사들이 일본에서 활동하던 시기에 우주론과 관련된 아리스토텔레스 저서들을 본격적으로 유포시키면서부터 서양 천문학의 전래는 시작되었다. 그 후 스페인의 페드로 고메즈(Pedro Gomez, 1755-1852)에 의해 코페르니쿠스 이전의 천문학을 정리한 책『천구(天球, De sphaera)』라는 예수회 학교에서 사용하던 교재와 예수회에서 탈퇴한 크리스토바오 페레이라(Christovao Ferreira, 1580 - 1650)의 연구 내용을 담고 있는『서양 천지학의 결정적 주석』이라는 일본 유학자가 주석을 단 책들이 잇달아 소개되었다.

이 책들은 모두 아리스토텔레스의 우주론을 기본으로 하여 하나같이 지구의 자전을 거부하는 내용을 담고 있는데, 고전 천문학자들의 이론을 소개하면서 지구가 자전한다면 지구상의 모든 물체들은 바깥쪽으로 날아가 버릴 것이라는 내용을 주요 핵심으로 강조하고 있다. 그리고 이 책들은 모두 코페르니쿠스나 태양중심설에 관한 내용들은 수록하고 있지 않는데, 아마도 코페르니쿠스 이론이 유럽 전역의 종교계와 학계로부터 완전한 승인을 받기 이전에 아시아로 소개된 것들이기 때문이라고 여겨진다. 한편 네덜란드 상인들과 교류가 있던 나가사키의 니시카와 마사요시(西川正休, 1694-1756)는 서양 학문에 대한 식견을 인정받아 막부에 소속되어 천문학을 연구했는데, 그는 티코 브라헤의 우주론에 입각한 학설을 펼쳤다.

당시 일본 학계에 코페르니쿠스 이론을 처음으로 소개한 것은 비(非)천문학자들에 의해서였다. 그들은 서양 서적을 번역하며 생계를 이어가던 전문 번역가들이었다. 코페르니쿠스와 관련된 최초의 번역 작업은 모토키 료에이(本木良永, 1735-1794)에 의해서 이루어졌다. 그의 네덜란드 서적 번역은 역사적으로 중요한 의미를 띠고 있는데, 그것은 코페르니쿠스 태양중심설의 일본 내 첫 기점(起點)을 찍었다는 것, 그리고 일생 동안 서양 언어 연구와 관련해 획기적일 만큼 진일보한 성과들을 이루어 냈다는 것, 이 두 가지 상징성을 갖고 있기 때문이다. 료에이는 나가사키 토박이 번역가 집안에서 3세대에 걸쳐 가업을 잇던 사람이었다. 그는 일생 동안 천문학과 지리학 분야에서 다수의 번역서를 출판했다. 이와 함께 『달력과 관련된 현상에 대한 새로운 논집』을 저술했던 타다오 역시 나가사키 토박이면서 번역가 집안 출신이었다.

타다오는 원래 료에이의 문하생이었으나, 18세에 자신의 가업을 포기하고 평생 자연철학과 우주론에 관심을 두며 연구자의 길을 걸었다. 료에이는 처음부터 서양 언어 전문 번역가였기에 중국 서적에 기록되어 있던 천문학적 내용들은 조금도 알지 못했으며, 코페르니쿠스나 티코와 같은 서양 천문학자들의 이름과 관련된 중국식 음역(音譯)이나 책력(冊曆)과 관련된 천문학 전문 용어들에 대한 구체적인 검증 작업도 전혀 수행하지 않았다. 그는 단지 자신만의 기술적(記述的) 방법과 음역 기준에 따라 작업했다. 이와 같은 서양 과학서적의 번역 작업은 여러 후대 번역가들에 의해 꾸준히 다듬어지면서 발전해 갔다.

일본에서 태양중심설의 전래가 다소 지연되었던 것은 18세기 초까지 이루어졌던 쇄국정책(鎖國政策)과 언어장벽(言語障壁)이라는 이유 때문이었다. 그래서 코페르니쿠스 이론의 소개가 천문학자들의 노력에 의해 이루어지지 않고, 이처럼 전문 번역가들에 의해 선도되었음은 일편 당연하면서도 특이하다고 할 수 있다. 당시 일본 학자들의 코페르니쿠스 이론에 대한 주요 관심사는 '동양의 자연철학적 관점에서 바라본 자연현상과 관련된 물리·역학적 특징'이라는 범주에만 집중되었다. 그래서 코페르니쿠스 이론과 관련된 것들은 단지 다양하게 소개되던 서양 학문들 중 하나일 뿐으로만 인식되고 말았기에, 천문학과 관련해 새로운 연구 동기나 유행을 불러일으키지는 못했다. 더군다나 그 시기의 일본 천문학자들은 서로 다른 두 이론을 겨냥해 상호 논박할 만큼의 풍부한 관측 자료나 수학적 기교를 지니고 있지도 못했다. 이런 분위기 속에서 점차 시간이 흘러 코페르니쿠스의 태양중심설은 특별한 분쟁 없이 비교적 자연스럽게 흡수되는 과정을 통해 일본 학계에 자리 잡았다.

이처럼 서양 학문의 우수성은 직접 교역에 의해서 뿐만 아니라, 중국에서 활동하던 예수회 선교사들의 작품들이 조금씩 유입되는 과정을 통해 일찍이 인지가 되었음에도 불구하고, 그에 따른 근대 과학의 기초 교육은 한참이 지나서야 이루어졌다.

일본인이 자국의 교육기관을 통해 서양의 근대 학문을 제대로 습득하기 시작하는 것은 19세기 후반부터였는데, 폐번치현(廢藩置縣: 메이지 유신 시기인 1871년 8월 29일, 이전까지 지방 통치를 담당하였던 번을 폐지하고, 지방통치기관을 중앙정부가 통제하는 부(府)와 현(縣)으로 일원화한 행정개혁) 이후, 서양 학문 쪽으로 진출했던 사람들은 사무라이(武士) 출신의 자제들이 특히 많았다. 그들이 훗날 미국과 유럽으로 유학을 떠나면서 일본은 근대 과학의 싹을 피우게 되는데, 코페르니쿠스 이론도 그 시기에 이르러서야 정통 학문으로 연구되기 시작했다.

우리나라

우리나라에서 최초로 지전설(地轉說)을 주장한 학자는 김석문(金錫文, 1658-1735)이다. 그는 1697년에 자신이 편찬한 『역학이십사도총해(易學二十四圖總解)』를 통해 지구, 달, 태양, 수성, 금성, 화성, 목성, 토성의 상대적인 크기를 제시하고, 지구가 하루에 한 바퀴 자전하면서 일 년에 총 366번의 회전을 한다고 설명했다. 그리고 태양 주위를 행성들이 공전하고 있으며, 이것은 다시 지구를 중심으로 회전한다고 설명했는데, 이것은 티코의 행성계에서 볼 수 있는 구조다. 그는 처음에는 중국 성리학을 기초로 천문 현상을 이해하려 했다. 그러나 청나라에서 활동했던 이탈리아 예수회 선교사 자크 로(Jacques Rho, 중국명 羅雅谷, 1593-1638)의 『오위역지(五緯曆指)』를 접하면서 생각이 바뀌었다. 그 책은 프톨레마이오스와 티코의 이론들을 수록하고 있었는데, 김석문은 티코의 행성계를 더욱 신뢰했다. 그러나 티코가 지구의 자전을 거부했다는 점에 찬동하지 않고, 낮과 밤은 분명히 지구가 자전하기 때문에 발생하는 것이라는 견해를 피력했다. 하지만 김석문의 이런 주장은 자신이 천체들을 직접 관측한 결과들로부터 나온 것이 아니라, 단지 서양 천문학 이론들을 분석해서 나온 결과일 뿐이었다.

그 후 박지원(朴趾源, 1737-1805)의 『열하일기(熱河日記)』 중 「곡정필담(鵠汀筆談)」에서 지전설과 관련된 내용이 다시 등장한다. 박지원이 청나라를 방문했을 때(1780년 정조 4년), 그가 중국의 왕민호(王民皥)와 필담(筆談)을 나누는 과정에서 홍대용(洪大容, 1731-1783)의 지전설(地轉說)을 언급하게 되는데, 이 필담 중에 홍대용의 지전설과 서양의 지전설을 비교하는 대목이 나온다. 당시 박지원은 홍대용이 지전설을 독창적으로 창안했다는 의미로 설명하면서, '서양 사람들은 지구가 둥글다는 것은 알고 있었지만, 자전한다는 사실은 알지 못한 것 같은데, 자신의 벗인 홍대용은 이미 예전에 지구의 자전을 제안한 적이 있다'고 소개했다. 그런데 1766년에 홍대용은 북경에서 서양 선교사들을 만난 적이 있었다. 이를 두고 일본의 중국과학사학자 야부우치 기요시(藪內淸)는 홍대용이 그 당시 서양 선교사들로부터 지전설에 대한 정보를 이미 들었을 것이라는 주장을 1968년에 논문을 통해 발표한 바가 있다.

홍대용의 문집에는 당시 서양 선교사들과 나눈 대화들이 비교적 상세히 기록되어 있는데, '서양 선교사들이 지전설을 언급하긴 했으나 옳은 것이라고 말하지는 않았다'라는 내용이 담겨 있다. 게다가 정황상으로 볼 때, 교황청의 입장을 대변하던, 그것도 갈릴레이를 가장 선봉에서 공격했던 예수회(Jesuit) 소속 선교사들이 (내심 지전설이 옳을지도 모른다는 생각했을지라도) 당시 이단으로 규정하고 있던 태양중심설의 기본 원칙인 지전설이 옳은 가설이라고 당당히 홍대용의 견해에 힘을 실어 주었을 가능성은 희박해 보인다.

홍대용은 대화체 문답식으로 기술한 『의산문답(毉山問答)』을 통해 낮과 밤은 땅이 회전하면서 생긴다는 지전설(地轉說)과 해와 달 속에도 생명체가 살고 있을 것이라는 우주인설(宇宙人說), 그리고 무한우주론(無限宇宙論)을 제안했다. 이에 덧붙여 가볍고 빠른 천체는 자전과 공전을 함께 할 수 있는 반면, 지구는 무겁고 느린 것이라 자전은 가능하지만 공전은 불가능하다고 피력했다. 홍대용이 서양 과학의 중요성을 크게 깨닫고 그것을 수용하고 발전시키려 했던 최초의 조선인이라고 할지라도, 지전설을 처음 제안하고 그 내용을 정리해 기록으로 남긴 학자는 김석문이라고 할 수 있다. 왜냐하면 홍대용의 『의산문답』에서 설명하고 있는 천체들의 운동 방식 역시 티코의 행성계와 동일한데, 이것은 김석문의 『역학이십사도총해』에서 소개되는 내용과 크게 다를 바가 없기 때문이다. 결국 홍대용은 『오위역지(五緯曆指)』의 내용에 찬동하면서도 지전설만큼은 옳은 것이라고 결론 내렸던 것이다.

한편 홍대용은 『의산문답』에서 '지구가 하루에 한 바퀴 도는 것이 무수히 많은 천체들을 포함하고 있는 무한한 우주가 지구 둘레를 한 바퀴 도는 것보다 더욱 이치에 합당하다'고 설명하고 있는데, 이런 문구는 우연하게도 코페르니쿠스의 『천구의 회전에 관하여』 제1권에서 소개되는 내용과 거의 흡사하다.

결론적으로 홍대용이 설명하고 있는 지전설의 일부 요소 및 행성들의 위치와 공전에 관한 내용들은 자신이 중국에 들렀을 때, 서양 천문학을 접하면서 어느 정도 영향을 받은 결과라고 추측해 볼 수 있다.

17~19세기 조선의 학자들은 중국이나 일본처럼 서양인들과의 긴밀한 접촉을 통해 선진 과학을 수용하고 분석할 수 있는 기회를 갖지 못했다. 중국을 방문할 수 있는 기회가 있으면 모를까 그렇지 않다면, 중국인의 손을 한번 거친 자료를 통해 서양 학문을 접하는 경우가 대부분이었다. 당시 조선의 분위기는 그만큼 열악했다. 우리나라에서 구체적인 코페르니쿠스 이론의 이해와 수용은 하는 수 없이 대한제국(大韓帝國) 시대까지 기다려야만 했다.

3장
태양중심설에 대한
종교계의 반응

1. 16세기 교회의 반응

16세기 유럽 학문의 한 축을 담당했던 프로테스탄트 계열(系列) 대학들의 학풍을 설계하고 관리·감독하던 필립 멜란히톤(Philipp Melanchthon, 1497-1560)이 대립관계에 놓여 있는 가톨릭교회의 대표학자인 코페르니쿠스를 상당히 높이 평가했다는 점은 주목할 만하다. 그렇다고 멜란히톤이 코페르니쿠스 이론을 전적으로 지지했다는 의미는 아니다. 어릴 적부터 다방면으로 비범한 재능을 지녔던 그는 천성이 온화한 성격으로 결단력이 부족했으며, 신학적인 표현에 있어서도 타협적이었다고 전해진다. 그가 코페르니쿠스 이론에 대해 취했던 입장을 살펴보자.

마르틴 루터(Martin Luther, 1483-1546)의 최측근이었던 멜란히톤은 수학과 천문학을 학문적 측면에서 상당히 높게 평가했는데, 루터와 멜란히톤이 함께 교수로 재직하고 있던 비텐베르크대학(University of Wittenberg: 1817년에 University of Halle와 합병했으며, 1933년 마르틴 루터 탄생 450주년을 기념하여 교명이 Martin Luther University of Halle-Wittenberg 로 바뀌었음)은 예전부터 천문학 연구를 적극 장려하며 지원하고 있었다. 멜란히톤과 그 동료들이 신의 전지전능함을 드러내 주는 '천체운동의 질서'를 이해하는 수단으로 전통적 원칙에 어긋나는 코페르니쿠스의 태양중심설을 활용했었다는 사실은 다소 의외라고 할 수 있다. 천문학 연구가 활발했던 비텐베르크대학에서는 유독 코페르니쿠스 시스템에 대한 논쟁이 활발했다. 하지만 전체적인 분위기는 프로테스탄트 내부의 핵심 인물 몇몇을 제외하고는 코페르니쿠스 이론에 대해 부정적인 태도를 취했다.

『천구의 회전에 관하여』의 편찬 과정에서 큰 역할을 수행했던 레티쿠스가 코페르니쿠스를 알게 된 것도 비텐베르크대학이었으며, 코페르니쿠스의 행성계를 이용해 에페메리데스(efemérides, 천문표)를 만들었던 에라스무스 라인홀드(Erasmus Reinhold, 1511-1553) 역시 비텐베르크대학의 교수였다. 레티쿠스가 태양중심설에 관한 정보를 얻기 위해 코페르니쿠스를 찾아가기 전까지 그는 비텐베르크대학에서 멜란히톤과 교분을 쌓으며 『알마게스트』를 강의하고 있었다.

코페르니쿠스의 이론을 접한 후, 그에 동조하여 새로운 세계관에 눈을 뜨게 된 레티쿠스는 비록 '독일의 교사(Praeceptor Germaniae)'라고 칭송되던 멜란히톤의 우주관을 태양중심설로 전향시킬 수는 없었지만, 적어도 멜란히톤의 학문적 권위를 빌어 프로테스탄트 계열 대학들에게 코페르니쿠스 이론을 전파할 수 있는 돌파구를 마련할 수는 있었다. 그렇다고 당시 비텐베르크대학을 비롯한 프로테스탄트 계열 대학들의 모든 학자들이 코페르니쿠스의 새로운 이론에 대해 쉽사리 호의적인 태도를 보이지는 않았는데, 첫 번째 이유는 태곳적부터 확고한 믿음으로 굳어져 있던 아리스토텔레스 원칙들을 쉽게 부정할 수 없었기 때문이었고, 두 번째 이유는 성경의 몇몇 구절(여호수아 제10장 제12~13절. "신께서 아모리족을 이스라엘 자손들 앞으로 넘겨주시던 날, 여호수아가 신께 아뢰었다. 그는 이스라엘이 보는 앞에서 외쳤다. '해야, 기브온 위에, 달아, 아얄론 골짜기 위에 그대로 서 있어라.' 그러자 백성이 원수들에게 복수할 때까지 해가 그대로 서 있고, 달이 멈추어 있었다. 이 사실은 야사르의 책에 쓰여 있지 않은가? 해는 거의 온종일 하늘 한가운데에 멈추어서, 지려고 서두르지 않았다. 전도서 제1장 제4~5절 : 한 세대가 가고 또 한 세대가 오지만 땅은 영원히 그대로다. 태양은 뜨고 지지만 떠올랐던 그 곳으로 서둘러 간다."-하지만 이런 구절들이 지구가 우주의 중심이고, 모든 행성들이 지구 주위를 공전한다는 사실을 직설적으로 표현한 것은 아니다. 성직자들의 의도에 의해 그렇게 해석되어진 것일 뿐이다)들과도 상치(相馳)되고 있었기 때문이었다. 그 시기의 프로테스탄트 계열 천문학자들은 오지안더(A. Osiander)가 『천구의 회전에 관하여』의 서문에서 그어 놓은 제한선을 굳이 넘어서려 하지 않았다. 그들은 이심점(equant)을 제거한 것을 비롯해 몇몇 골칫거리들을 해결한 코페르니쿠스 시스템을 부분적으로 응용하면서도 고전 천문학의 정통만큼은 결코 깨뜨리려 하지 않았다.

당시 천문학계가 이심점을 제거하기 위한 작업에 특히 매진했던 이유는 행성이 박혀 있는 천구가 실제 천체들의 공전 중심을 기준으로 빨라지기와 느려지기를 여러 차례 반복하면서 돈다는 것은 전통 물리학의 원칙에 입각하면 절대로 발생할 수 없는 현상이었기 때문이다. 그래서 티코는 이심점을 도입하지 않고서 행성의 운동을 설명하기 위해 소주전원(小周轉圓, miniepicycle)을 도입한 새로운 시스템을 제안하기도 했다.

비텐베르크대학을 비롯한 프로테스탄트 계열의 대학들이 보여 줬던

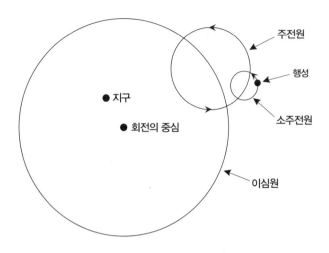

〈**그림 11**〉 이심점의 도입이 없는 티코의 초기 행성계 모델

일부 상황만을 고려해 새로운 행성계의 출현에 대한 프로테스탄트 계열의 학자들의 태도가 가톨릭계열 학자들보다 상대적으로 더 우호적이었다고 판단해서는 안 된다. 왜냐하면 그 시기의 코페르니쿠스 이론에 대한 프로테스탄트 계열 학자들의 공격은 가톨릭 계열을 학자들보다 구조적으로 불리한 상황에서 이루어졌기 때문이다. 그래서 프로테스탄트 계열의 학자들의 공격은 가톨릭 계열의 학자들의 공격보다 효과가 뚜렷하지 않은 것처럼 보였다.

코페르니쿠스 이론이 등장한 시기의 프로테스탄트 계열 국가들이 처한 상황을 살펴보면, 일단 가톨릭교회가 강력한 통치수단으로 활용했던 여러 조직들, 그 대표적 예로 종교재판소를 들 수 있는데, 이처럼 교회의 권위를 강요할 만한 강력한 통제기구(統制機構)가 프로테스탄트 계열의 국가에서는 상시적으로 운영되지 않았다. 게다가 프로테스탄트 계파(系派)의 다양함이 응집력을 떨어뜨려 태양중심설 추종자들에 대한 효과적인 공격을 어렵게 했을 뿐만 아니라, 종교전쟁의 발발은 가톨릭과 프로테스탄트 모두에게 반(反)교회 세력들을 향한 역량 있는 공격 가능성을 상당히 떨어뜨려 놓았다.

종교개혁 2세대에 속하는 칼뱅(Jean Calvin, 1509-1564)은 코페르니쿠스 가설에 대해 정확하게 어떤 식으로 이해하고 있었는지, 그리고 또 어떻게 언급했었는지에 대해 신학계는 여전히 활발한 논쟁을 벌이고 있는데, 대략 1556년으로 추정되는 시기에 있었던 칼뱅의 설교 내용에서 그 의중을 어느 정도 짐작해 볼 수 있다. 그의 성경 묵상 고린도전서 제10~11장에 대한 여덟 번째 설교 내용을 통해 "그들(태양중심설을 주장하는 세력들을 지칭함)은 태양이 움직이지 않으며, 실제 움직이고 회전하는 것은 지구라고 말합니다. 그들의 정신을 살펴볼 때, 마귀에게 사로잡혀 있기에 우리는 그들을 거울로 삼아 하나님을 더욱 경외해야 합니다. 그들은 이처럼 자연의 질서를 바꾸려 하고 인간의 눈을 현혹시켜 모든 지각을 우둔하게 하려는 미친 자들입니다"라며 태양중심설의 등장에 대해 맹비난을 퍼부었다.

이 설교가 태양중심설에 대한 구체적인 내용을 다루고 있지는 않으며, 또한 코페르니쿠스를 직접적으로 언급하고 있지는 않지만, 칼뱅주의자들이 당시 확산되고 있던 태양중심설에 대해 어떤 경계심을 가지고 있었는지는 충분히 가늠할 수 있게 해 준다. 이를 통해 코페르니쿠스의 태양중심설을 겨냥한 가톨릭교회와 프로테스탄트교회 양쪽 모두의 공격적 태도는 크게 다르지 않았음을 확인할 수가 있다.

한편 오지안더가 작성한 서문이 어느 정도 효과를 발휘했는지 확인하기 위해 코페르니쿠스 등장 이전에 가톨릭교회가 직면하고 있던 상황들에 대해 잠시 살펴볼 필요가 있다. 중세 말기엔 각지에서 가톨릭교회에 도전하는 세력들이 우후죽순 솟아나고 있었는데, 그 이유는 점차 글을 읽을 줄 아는 능력의 확산과 인쇄술의 발달 때문이었다. 이런 상황이 가톨릭교회 당국에게 점차 큰 위협이 되기 시작했음에도 불구하고, 당시 교황청을 중심으로 한 교회 당국은 마구잡이식 순례, 지나친 성인 및 성유물 숭배, 면죄부(免罪符)의 남발 등 오히려 폐단의 싹을 더욱 키워 나가고만 있었다.

교황청은 동조를 거부하고 반발하는 세력들을 제압하기 위해 때로는 정치적 타협을 도모하기도 하고, 때로는 대대적인 군사 공격을 감행했다. 신성 모독은 교황청의 권위에 대한 직접적인 도전으로 간주하여 줄곧 강력하게 응징해 왔음에도 불구하고, 코페르니쿠스의 '새로운 행성계의 제안'에 대해서는 처음부터 그리 심각한 사안으로 인식하지 않았다는 점이 특이하다. 그런데 여기에서 말하는 코페르니쿠스의 '새로운 행성계의 제안'이라는 것은 『천구의 회전에 관하여』(1543)보다 훨씬 앞선 1512년경에 작성되어 지인들 몇몇에게 배포된 코페르니쿠스의 『짧은 주석(Commentariolus)』에서부터 시작된다.

『짧은 주석』의 원제목은 「천체의 운동을 그 배열로 설명하는 이론에 관한 주해서(De Hypothesibus motuum coelestium a se constitutis commentariolus)」인데, 코페르니쿠스는 이 짧은 논문을 통해 『알마게스트』에서 언급하고 있는 '행성들의 등속 운동과 관련된 중심점이 따로 있어야 한다'는 조건을 자신은 결코 동의할 수 없음을 밝히고 있다. 코페르니쿠스는 행성들의 겉보기 운동과 관련된 부조리를 해결하기 위해 행성들의 운동 중심을 지구에서 탈피하고자 했다. 이와 관련해 그는 『짧은 주석』에서 "궤도 껍질 중의 하나가 태양을 중심에 두고 지구를 운행시키고 있다"고 설명했다.

사실 코페르니쿠스마저도 그 시대 대부분의 천문학자들과 마찬가지로 '행성들이 투명하고 단단한 수정구(水晶球) 형태를 띤 천구의 껍질에 박혀 있다'라는 원칙에는 의심이 없었다. 그리고 태양을 중심에 둔 행성계를 구상하게 된 이유도 행성들의 천구가 수정구로 이루어져 있음에도 불구하고 프톨레마이오스의 이론을 따르게 되면 그 수정구들이 서로 교차해야만 하는데, 물질의 형태를 띠고 있는 수정구들이 서로 교차하며 지나간다는 모순을 코페르니쿠스는 절대 받아들일 수가 없었기 때문이었다.

우리가 코페르니쿠스에 대해 크게 오해하고 있는 것이 하나 있는데, 코페르니쿠스도 프톨레마이오스와 마찬가지로 주전원 개념을 도입해 자신의 행성계를 논증했다는 점이다. 프톨레마이오스는 80개의 주전원을 사용해 자신의 지구중심설 행성계를 논증했다. 코페르니쿠스도 마찬가지로 『짧은 주석』에서 수성의 운동을 논증하기 위해 주전원을 포함해서 7개의 원운동을 사용했고, 금성은 5개, 지구는 3개, 달은 4개, 화성, 목성, 토성은 각각 5개씩의 원운동을 사용함으로써 총 34개(태양을 중심으로 수성, 금성, 지구, 화성, 목성, 토성이 공전하고 있는 원 6개, 지구를 중심으로 달이 공전하고 있는 원 1개, 그리고 각 행성들과 달의 여러 겉보기 운동을 설명하기 위해 동원된 주전원 27개를 모두 합한 수이다)의 원운동을 상정(想定)해 자신의 태양중심 행성계를 표현했다.

한편 아이러니컬하게도 교황청은 처음부터 『천구의 회전에 관하여』의 출판을 전혀 자신들의 권위에 대한 도전이라고 간주하질 않았는데, 오히려 여러 해 전부터 코페르니쿠스로 하여금 태양중심설과 관련된 그의 연구를 조속히 책으로 출판하도록 독려하고 있었다. 교황청의 이

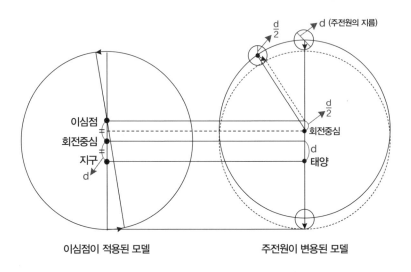

〈그림 12〉 프톨레마이오스의 이심점 적용 모델과 코페르니쿠스의 주전원 변용 모델

런 태도는 당시 위축된 가톨릭교회의 권위를 다시 세우려는 수단으로 코페르니쿠스를 활용하겠다는 의도가 저변에 깔려 있었기 때문이었다. 실제로 코페르니쿠스는 '교황에게 바치는 헌정서'에서 자신이 연구한 것들은 교회의 권위를 바로 세울 목적으로 비롯되었음을 뚜렷하게 밝히기도 했다. 그러나 코페르니쿠스의 작업이 '오직 신의 전지전능함을 표현한 것'이라고만 여기지 않았던 가톨릭교회 한편에서 반(反)코페르니쿠스 세력이 고개를 들기도 했다. 1544년에 쓰여진 이래로 이탈리아 피렌체에 있는 수도원 도서관 선반에 오랫동안 보관되어 있던 톨로사니(Giovanni Maria Tolosani, 1470-1549)의 공식적인 반대 문건이 1975년에 발견되었다. 톨로사니는 신학적 지식과 천문학적 지식을 겸비했는데, 그는 맹목적 신앙심으로만 코페르니쿠스를 비판한 것이 아니었다.

톨로사니는 코페르니쿠스의 수학적 맹신은 물리학적 지식이 부족했기 때문이라고 지적하며 아리스토텔레스 물리학이 진정 올바르다는 것을 자신이 제안한 원칙에 따라 조목조목 논증하면서 코페르니쿠스 가설을 반박했다. 일부 반(反)코페르니쿠스 세력들의 저항이 상당히 논리적인 방식으로 시도되었을지라도, 신진(新進) 천문학자들은 (갈릴레이가 종교재판에 서기 전까지) 한동안 특별한 위협을 당하지 않으면서 코페르니쿠스 시스템을 자신들의 연구 범주 안으로 끌어들일 수 있었다.

한편 코페르니쿠스의 의지와는 상관없이 오지안더가 편집한(코페르니쿠스의 가설은 실제 현상들과는 다를 수 있다는 내용을 담은) 서문은 『천구의 회전에 관하여』가 출판된 후, 뒤따를 수도 있는 거센 반향(反響)을 어찌 되었건 간에 한동안 면할 수 있도록 해 주었다. 하지만 이런 상황을 이끌어내기 위해 오지안더가 서문을 일부러 조작했다고는 볼 수 없다. 당시 가톨릭 교회 당국은 코페르니쿠스 시스템을 전혀 이해하지 못한 것이 아니라, 코페르니쿠스의 작업 자체를 단지 창조주의 조화로움을 설명하기 위한 노력의 일환으로만 간주했기 때문이다. 이런 환경 속에서 코페르니쿠스의 태양중심설은 조금씩 가톨릭과 프로테스탄트 양쪽 모두에게 새로운 패러다임의 등장을 예고하고 있었다.

2. 17~19세기 교회의 반응

처음부터 태양중심설과 기독교 세력과의 논쟁 요지는 지구, 태양, 행성들의 위치가 어디에 있는가에 대한 사실적 물음에 관한 것이 아니라, 인간이 살고 있는 지구가 이제는 우주의 중심이 아니라는 것, 즉 다시 말해 '인간 세계가 이젠 모든 만물의 중심이자 최우선이 될 수 없다는 걸 인정해야만 한다는 것과 그럴 수 없다는 것'의 대립이었다.

태양중심설의 등장은 단순히 천문학계만의 문제가 아니었다. 문제의 핵심은 태양중심설이 '세상의 모든 만물은 창조주의 사랑과 관심을 한 몸에 받으며 지구 위에 살고 있는 인간을 위해서 존재한다'고 여겨 왔던 기독교의 정통 교리를 완전히 깨뜨리는 신성모독을 담고 있다는 것이었다. 그로 인해 '만약 인간을 위해 이 우주가 존재하는 것이 아니다'라는 가정을 둠으로써 "우주의 존재 목적은 무엇인가?", "창조주가 만든 우주의 존재 목적이 있기는 한 것인가?" 등과 같은 새로운 의문들이 생겨나기 시작했다. 이러한 연쇄반응은 작은 불씨가 되어 많은 사건들을 예고했다.

한편 코페르니쿠스 시스템을 보다 정교하게 만든 케플러는 누구 못지않은 독실한 프로테스탄트였는데, 그는 태양중심설을 논리적이고 이성적인 방법으로 증명하는 것 자체가 그 어떤 것보다도 창조주의 섭리를 정확히 이해하는 것이라 믿었다. 케플러는 자신의 행성운동 제1, 2법칙을 1609년에 출판한 『신(新)천문학(Astronomia Nova)』에 소개했는데, 이 책이 아리스토텔레스의 원칙과 종교적 심미주의(審美主義)에 입각한 '행성의 원궤도 운동'을 과감히 포기하고 있는 내용을 담고 있는 반면, 1619년 『우주의 조화(Harmonice mundi)』를 통해 발표한 행성운동 제3법칙은 다시 심미주의(審美主義)로 회귀하는 것이었다.

코페르니쿠스와 케플러는 가톨릭교회나 프로테스탄트교회 당국으로부터 직접적인 제재를 당하거나 연구 활동이 구속받는 일은 없었으나, 고집이 강했으며 동료 학자들과 시비 붙기를 좋아하고 평소에도 교회 당국을 우습게 여겼던 갈릴레이는 전혀 다른 상황을 맞게 되었다.

갈릴레이가 종교재판에 회부되는 것을 기점으로 코페르니쿠스 시스템에 대한 교회 당국의 공식적인 제재가 본격적으로 시작되었다. 갈릴레이에 대한 종교재판은 두 차례 있었는데, 두 번째였던 1633년 6월 22일의 분위기는 1616년 2월 26일에 있었던 사건보다 훨씬 더 위협적이었다. 결국 갈릴레이는 사망할 때까지 엄격한 감시와 통제를 받아야만 했다. 갈릴레이에 대한 여러 가지 위협적인 조치들이 발동됨으로써 교회 당국이 이젠 태양중심설을 상당히 위협적인 발상으로 간주하기 시작했음을 짐작하게 해 준다. 앞서 1600년에 가톨릭교회 당국이 지오다노 브루노(Giordano Bruno, 1548-1600)를 이단으로 지목하여 민중들이 지켜보는 가운데 불태워 죽인 사건은 교회 권위에 저항하는 것이 과연 어떤 결과를 불러올 수 있는지를 갈릴레이에게 확실히 알려 주는 것이었다.

브루노는 1584년에 자신의 저서 『원인(原因), 원리(原理) 그리고 일자(一者)(De la causa, principio et uno)』를 통해 신과 우주가 하나의 통일성을 이루고 있음을 주장함으로써, 중세의 이원론적 세계관에서 철저히 분리되어 있던 신과 우주의 존재 관계를 냉철하게 부정했다. 그리고 같은 해에 발표한 『우주의 무한성과 세계(De l'infinito universo et mondi)』를 통해 신플라톤주의에 입각한 무한성의 개념을 도입하여 신만이 무한한 것이 아니고 우주 역시 무한하다고 역설했다. 이런 사상은 천문학에 있어 항성구의 위치가 무한하다는 개념으로 적용되었는데(항성들의 위치가 무한에 가까울 정도로 멀리 있기 때문에, 연주시차를 측정할 수 없다는 단서를 확보할 수 있음), 이러한 우주의 무한성은 곧 천체의 위치와 관련된 문제 해결에 반영되었다. 특히 그는 지구 이외에 또 다른 세상이 존재한다고도 주장했다. 이런 파격적인 내용은 사실 여부에 관계없이 그를 죽음으로 몰고 가기에 충분했다.

교회 당국은 코페르니쿠스 시스템에 입각한 갈릴레이의 우주론이 기독교의 정통 교리를 확실하게 짓밟는 것임을 뒤늦게서야 깨달았다. 갈릴레이의 도발을 기점으로 가톨릭교회 당국은 상황을 완전히 다시 인식하게 되었다.

고전 천문학에 대한 갈릴레이의 공격은 뚜렷하면서도 명쾌했다. 첫째, 목성이 네 개의 위성을 가진다는 사실은 지구가 궁극적으로 모든 행성들의 운동 중심이 아니라는 것이었고, 목성이 하나의 계(系)를 지배하고 있다는 사실은 목성 자체가 또 다른 권위의 상징이 될 수 있다는 것을 의미했다. 게다가 행성의 숫자는 반드시 일곱 개가 되어야 하며 그 숫자는 불변이라는 기본 원칙이 깨져 버림으로써 「요한계시록」의 내용과 아시아에 있는 일곱 개의 교회가 가지는 상징성은 산산이 깨지고 말았다. 그 당시까지만 하더라도 행성이 딱 일곱 개여야만 하는 별의별 이유가 다 있었을 뿐더러, 그에 대한 해석도 난무(亂舞)하고 있었던지라 교회 당국으로서는 난감하기 그지없었다.

결국 신학자들과 아리스토텔레스주의자들은 목성의 위성들이 환영(幻影)이라고 우기거나, 렌즈에 의한 착시현상일 뿐이라는 억지를 부리는 것 말고는 할 수 있는 게 아무것도 없었다. 둘째, 금성의 위상이 망원경의 관측 내용처럼 변해 간다는 것은 기존 프톨레마이오스 시스템에서는 불가능한 것이었다. 따라서 금성 위상(位相)의 정확한 발견은 코페르니쿠스 시스템이 이젠 가설이 아니라, 제대로 구색을 갖춘 이론으로 인정할 수밖에 없다는 것을 확실히 알려 주는 것이었다. 셋째, 태양 표면에서 흑점이 발견됨으로써 완전무결한 것만을 창조하는 신의 권위를 얼룩지게 만들었는데, 교회 당국은 이것 역시 신성 모독으로 몰아가는 것 외에는 달리 뾰족한 방도를 찾지 못했다.

이런 상황이 좀 더 심각하게 진행되자 '신은 절대 헛된 일은 하지 않는다'는 기독교 정통 교리에 따라 행성들의 수가 7개를 넘어 버린 사실을 나름대로 합리화하기 위해 "다른 행성들에도 사람들이 살 수 있지 않겠는가?"라는 추론이 제기되기도 했다. 지구 이외에 또 다른 세상이 있을 것이라는 가정은 고대 그리스 천문학자 아낙시만드로스와 신플라톤주의자 브루노에 의해 이미 언급된 것이기도 했다. 이런 지경까지 이르게 되니 사람들의 관심은 "과연 다른 행성에 사는 사람들 역시 노아(Noah)로부터 유래한 자손이라고 볼 수 있는가?" 그리고 "그들 역시 구세주를 통해 속죄할 수 있는가?"에 대한 의문으로 확대되기 시작했다. 가톨릭교회 당국은 갈릴레이를 완전히 굴복시켜야겠다는 의도로 첫 종교재판에서 갈릴레이가 연구했던 태양중심설과 관련된 모든 것들을 철회하고 그와 관련된 내용을 절대 가르치지 않겠다는 서약을 강요했으며, 한편 대외적으로는 지구의 운동과 관련된 모든 서적들을 금서목록(禁書目錄)에 등재시켰다.

1632년에 출판된 『두 개의 주요한 우주 체계에 관한 대화(*Dialogo sopra i due massimi sistemi del mondo, tolemaico e copernicaon*)』는 온 유럽으로부터 열광적인 호응을 받았으나, 정작 갈릴레이 개인에게 기다리고 있던 건 너무나도 위협적인 또 한 번의 종교재판이었다. 1616년에 있었던 종교재판의 서약 내용을 준수하지 않은 대가로 두 번째 재판에서 혹독한 고초를 치러야만 했던 갈릴레이는 죽을 때까지 감시와 통제로부터 벗어날 수 없었다.

18세기에도 교회가 처한 상황은 크게 달라짐이 없었는데, 돌파구를 찾지 못한 교회 당국은 영향력을 행사할 수 있는 모든 교육기관으로 하여금 코페르니쿠스 시스템을 참된 것이라고 가르치는 것을 금지시켰다. 이러한 교회 당국의 저항은 19세기까지 이어지면서 '지구가 움직인다'는 내용을 담고 있는 모든 서적들은 1835년에 이르기까지 금서목록에 등재되어 있었다. 그러나 태양중심설이 조금씩 자리잡혀감에 따라 교회 당국의 이러한 대처는 더욱 가련한 지경으로 몰렸으며, 우스꽝스러운 저항 자체가 오히려 교회의 권위를 더 빠르게 실추시키는 결과를 몰고 왔다.

갈릴레이 사건 이후 자연현상에 대한 과학자들의 가치관에 변화가 생겼다. '변화'하는 것은 곧 자연의 법칙이라고 여겼고, '유별난 것이나 재발하지 않는 현상'은 자연의 법칙이 아니라 신의 의지라고 간주하게 되었다. 예로부터 유성과 혜성을 달 아래에 있는 공간에서 발생하는 대기 현상이라고 여겼던 신학자들은 특히 혜성의 출현을 곧 어떤 사건이 발생할 것을 알려 주는 전조(前兆)라 믿었다. 일찍이 루터가 혜성에 관해 언급한 사례가 있는데, 그는 "이교도들이 혜성을 자연현상의 결과로 발생하는 것이라고 하지만, 결코 신은 확실한 재앙을 전조로 보여 주지 않는 혜성을 창조하지는 않는다"고 주장했다.

가톨릭교회나 프로테스탄트교회가 이토록 혜성에 관한 해석에 고심할 수밖에 없었던 이유는 성직자들이 언제나 강조하며 가르치곤 했던 교리(敎理), 즉 '천상 세계는 인간 세계와 모든 것이 다르며 부패한 인간들이 살고 있는 지상과는 절대 비교할 수 없을 정도의 숭고함이 깃든 완전무결, 완전무변의 영역이다'라는 원칙을 끝까지 지켜내야만 했기 때문이었다.

기독교가 출현한 이후로 모든 신도들의 마음속에 자리잡은 천상세계(天上世界)는 사후(死後)에 이르게 되는 선망(羨望)의 대상이었다. 가톨릭교회는 프로테스탄트 세력과 대치하는 상황에서 예전에 누렸던 영광과 권위를 회복하기 위해 보다 엄격한 교리 해석과 집행을 통해 가톨릭교회의 분열을 저지하고 조직의 결속력을 더욱 강화시켜야만 할 필요가 있었기에 선망의 대상인 천상세계의 속성을 부정하는 태양중심설과 같은 이단(異端)에 대한 공격을 잠시도 멈출 수가 없었다.

코페르니쿠스의 태양중심설이 소개된 이후, 티코, 케플러, 갈릴레이를 거치면서 신성(新星), 혜성(彗星), 목성의 위성(衛星), 금상의 위상(位相), 태양의 흑점(黑點) 등 여러 현상들이 다시 해석되고 연구되자 교회 당국은 한꺼번에 물밀듯 몰려오는 반(反)신앙적 공격들을 효율적으로 방어하지 못했다. 그들은 이런 위기를 내부 결속을 통해서만 극복하려 했다. 이러다 보니 코페르니쿠스 추종자들을 겨냥한 그들의 공격은 점차 몽매주의(蒙昧主義)로 기울어져 갔다.

갈릴레이의 사건이 발생한 지 359년이 흐른 교황 요한 바오로 2세 (Pope John Paul II) 시절인 1992년 10월 31일에 이르러 비로소 교황청이 갈릴레이에 대한 복권(復權)을 발표했다는 것은 참으로 안타까운 일이다.

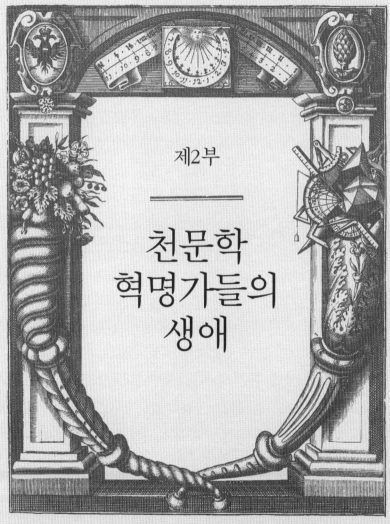

제2부

천문학
혁명가들의
생애

뉴턴은 천문학 혁명을 완성한 인물로 추앙되고 있다. 하지만 그의 업적은 코페르니쿠스, 티코, 케플러, 갈릴레이로 이어지는 파란만장한 투쟁의 역사가 없었더라면 절대 불가능했을 것이다. 따라서 이들 네 명의 천문학자들이 어떤 삶을 살았는지 살펴보는 것은 천문학 혁명을 이해하는 데 있어 매우 중요한 것이라고 할 수 있다.

1장
코페르니쿠스

코페르니쿠스(Nicolaus Copernicus)는 1473년 2월 19일 폴란드 토룬에서 독실한 가톨릭 집안의 4남매 중 막내로 태어났다. 그의 아버지는 상인으로서 나름 여유로운 가계(家計)를 이끌어 갔는데, 코페르니쿠스가 열 살이 되던 해에 세상을 떠나고 말았다. 그 시기에 큰 누나는 수녀가 되어 있었고, 작은 누나는 이미 결혼하여 출가외인이 된 상태였으며, 형은 아직 나이가 어렸다.

어린 나이에 아버지가 세상을 떠나자 코페르니쿠스는 당장 곤경에 처할 수밖에 없었다. 그러나 두 곳의 가톨릭 교구 운영위원회의 위원직을 맡고 있던 외삼촌 루카스 바첸로데(Lucas Watzenrode)의 도움을 받아 다행히 학업은 계속 이어갈 수 있게 되었다. 바첸로데는 원래부터 부유한 상인 가문 출신이었으며, 일찍이 이탈리아 볼로냐 대학에서 교회법을 공부하고 돌아와 교회에서 탁월한 능력을 발휘하여 훗날 대주교까지 이른 인물이다.

　바첸로데는 자신이 지나온 길을 조카들이 그대로 따라와 주길 바라는 마음에서 코페르니쿠스와 그의 형을 당시 폴란드 최고의 명문인 크라쿠프대학(University of Kraków: 현재 이 대학은 Jagiellonian University로 교명이 바뀌었다)에 진학시켰다. 이 학교는 바첸로데 자신이 다녔던 학교이기도 하다. 그런데 외삼촌 바첸로데는 코페르니쿠스를 그의 형보다 더 신뢰하여 학업에 대한 지원마저도 차별했을 정도였다고 알려진다. 크라쿠프대학은 천문학 연구에 있어 명성이 높았던 학교였는데, 당시 학생수가 대략 1,500명 정도였고, 유럽의 다른 대학들과 마찬가지로 라틴어로 강의가 진행되었다. 그 곳의 교육과정은 일단 아리스토텔레스의 저작들을 공부하는 것이 주를 이루면서 수학, 천문학, 유클리드 기하학, 법학, 신학 등이 병행되었다.

　1482년, 코페르니쿠스는 유클리드의 『기하학 원론』과 라틴어로 번역된 아라비아의 천문학 교재를 통해 천문학 공부를 시작했다. 코페르니쿠스는 천문학 강의를 듣자마자 곧장 그 매력에 빠져 들었다. 그러다 코페르니쿠스는 4년간 공부했던 크라쿠프대학에서 학위를 받지도 않은 채, 외삼촌의 계획에 따라 프롬보르크(Frombork)로 떠나야만 했다. 프롬보르크에 도착한 코페르니쿠스는 우여곡절 끝에 그의 나이 스물두 살이 되던 1495년에 바르미아(Warmia) 가톨릭 대교구 참사회 위원이 되었다. 그 이듬해 코페르니쿠스는 그의 외삼촌이 유학했던 볼로냐대학(Università di Bologna)으로 교회법을 공부하기 위해 이탈리아로 향한다. 그의 외삼촌은 코페르니쿠스를 교회에서 상당한 영향력을 행사할 수 있을 만큼의 성직자로 크게 성공시킬 의도를 드러내며 자신이 밟아 왔던 길을 코페르니쿠스가 그대로 좇아오길 바라고 있었지만, 코페르니쿠스의 마음은 그와 달랐다. 1496년 9월, 이탈리아로 유학길에 오른 코페르니쿠스는 자신이 갖고 있던 천문학 관련 자료들을 하나도 빠짐없이 챙겨서 길을 떠났다.

볼로냐대학의 강의는 당시 10월말에 시작되었는데, 여러 나라에서 유학 온 학생들이 많았기 때문에, 어떤 언어를 사용하는 학생인가에 따라 분반(分班)이 되었다. 볼로냐대학은 코페르니쿠스가 오기 거의 300여 년 전부터 오랜 전통을 자랑하던 유럽 최고의 명문대학이었다. 하지만 지금의 대학처럼 각각의 단과대학마다 건물이 따로 마련되어 있던 것이 아니라, 같은 공용어를 사용하는 학생들이 그룹을 조직한 후, 자신들이 배울 전공 분야에 해당하는 교수를 선택해서 사사(師事)하는 구조로 운영되었다. 학생들이 전공할 분야가 결정되면 교수들은 각자 가르치게 될 학생들을 자신의 집에 하숙을 시키는 방식을 통해 수업을 진행했다.

1497년, 코페르니쿠스는 볼로냐대학의 천문학 교수였던 도메니초 마리아 다 노바라(Domenico Maria da Novara, 1454-1504)의 집에서 하숙을 하며 천체 관측을 보조하는 것을 시작으로 본격적인 천문학 심화 과정을 익히게 된다. 노바라는 어떤 사람이었을까?

프톨레마이오스 행성계를 심층 분석하여 보다 정교한 규칙을 만들려는 시도가 1450년대에 게오르그 폰 포이어바흐(Georg von Peuerbach, 1423-1461)라는 천문학자에 의해 시작되었는데, 그는 『알마게스트』의 번역 작업을 완전히 마치지 못한 채 세상을 떠나고 말았다. 하지만 그의 제자였던 레기오몬타누스(Regiomontanus, 본명은 Johannes Müller von Königsberg, 1436-1476)가 작업을 이어받아 결국 완성하게 된다. 그런데 코페르니쿠스가 볼로냐대학에서 하숙생으로 있으면서 사사(師事)한 도메니초 마리아 다 노바라는 레기오몬타누스의 제자였다. 레기오몬타누스는 1472년 핼리혜성을 관측한 후에 이것을 천체(天體)로 인정한 최초의 천문학자인데, 그는 신플라톤주의의 계승자였다. 이런 계보가 구성됨으로써 코페르니쿠스는 신플라톤주의의 일원이 되었다. 코페르니쿠스는 볼로냐대학에서 천문학 공부에 심취해 있긴 했으나, 당시 프롬보르크의 참사회 위원이라는 신분이었기에 훗날 바르미아로 돌아가서 자신의 역할을 충실히 수행하기 위해서는 교회법도 나름 열심히 공부해야만 했다.

1500년, 볼로냐대학에서 4년간의 과정을 마쳤으나, 학위를 받기 위한 시험을 치르지 않고 자신의 형 안드레아스와 함께 로마로 여행을 떠난 후, 이듬해 1501년 6월 무렵에 프롬보르크에서 개최된 바르미아 가톨릭 대교구 참사회를 찾아가 이탈리아로 가서 다시 공부할 수 있도록 지원을 요청했다. 이에 참사회는 코페르니쿠스가 의학(醫學)을 공부하고 돌아와 참사회 위원들의 주치의 역할을 수행할 수 있도록 학비를 후원해 주겠다는 결정을 내리게 된다. 코페르니쿠스는 같은 해 10월, 이번에는 이탈리아의 파도바대학(Università di Padova)의 의학 과정에 등록했다. 파도바대학은 의학 분야에서 당대 최고의 명성을 떨치고 있었다. 그러나 당시 파도바대학 의학 과정의 수준은 2세기경 로마에서 활약했던 갈레노스(Claudios Galenos, 129-199)의 이론으로부터 크게 탈피하지 못한 상태였다.

어느덧 2년이라는 시간이 흘러 후원을 약속받은 기한이 다 지나게 되었는데, 의학박사 학위를 받기에는 많이 부족한 시간이었다. 그렇다고 아무런 학위를 받지 못한 채 귀국할 수 없었던 코페르니쿠스는 경제적으로도 여유롭지가 못했던 터라, 볼로냐대학이나 파도바대학에서 학위를 받기 위해 소요되는 상당한 비용을 감당하기 어려워 그리 멀지 않은 곳에 있던 1391년에 설립된 페라라대학(University of Ferrara)에서 시험을 통과하는 방식을 거쳐 박사학위를 받기로 결심했다. 당시 이탈리아는 꼭 학업을 수행했던 대학이 아닐지라도, 일정 금액을 주고서 시험만 통과한다면 다른 대학에서라도 학위를 받을 수 있도록 해 주는 독특한 시스템이 운영되고 있었다. 1503년 5월경에 코페르니쿠스는 이런 식으로 페라라대학에서 의학이 아닌 교회법 박사 학위를 받은 후, 그 해 가을에 바르미아로 돌아갔다. 코페르니쿠스는 귀국하자마자 교회의 재산을 관리하고 신학교의 수업 진행을 감독하는 등의 업무를 맡아보는 직책을 부여받았다. 하지만 얼마 되지 않아 대주교를 맡고 있던 외삼촌이 참사회 위원들의 동의를 얻어 조카인 코페르니쿠스로 하여금 자신을 보좌하는 업무를 맡으면서 봉급을 받을 수 있도록 조치를 취했다. 그 시절 코페르니쿠스는 외삼촌을 보좌하면서 주변인들의 주치의(主治醫) 역할도 했는데, 틈틈이 시간을 내어 그리스어 공부를 시작했다. 그가 그리스어를 공부해야만 했던 이유는 프톨레마이오스의 관측 결과들을 분석하기 위해서는 고대 그리스 달력을 이해할 필요가 있었기 때문이었다.

코페르니쿠스는 우선 프톨레마이오스의 『알마게스트』를 요약하고 꼼꼼하게 주해(註解)를 단 레기오몬타누스의 『알마게스트 발췌본(Epitome of the Almagest)』을 집중 탐구하기 시작했다. 그 과정에서 프톨레마이오스의 이심원과 주전원의 기능을 서로 바꾸어서 분석한 레기오몬타누스의 이론을 발견하게 된다. 이것은 곧장 코페르니쿠스에게 새로운 영감을 제공했다. 왜냐하면 당시 레기오몬타누스의 이론은 태양을 중심으로 하는 새로운 행성계를 착안할 수 있는 아이디어를 내포하고 있었기 때문이었다.

1510년, 코페르니쿠스는 외삼촌의 보좌관직을 그만두고 프롬보르크로 가서 가톨릭교회 참사회 위원으로 업무를 보기 시작했다. 그는 프롬보르크 교회에 부임하자마자 곧장 방어용 성벽의 한 탑에 기거하면서 천체 관측과 그에 따른 자료 분석을 통해 본격적인 천문학 연구를 재개했다. 물론 참사회 업무 역시 충실하게 병행하면서였다. 그러던 중 1512년 3월경에 바르미아 대주교를 맡고 있던 외삼촌 바첸로데가 세상을 떠났다. 외삼촌의 뒤를 이어 대주교 직을 맡게 된 후임자는 코페르니쿠스와 함께 볼로냐대학에서 수학했던 파비안 루찬스키(Fabian Luzjański)였다. 11년 후, 루찬스키는 1523년 1월경에 세상을 떠나는데, 그 후 모리스 퍼버(Maurice Ferber)가 후임으로 선출되어 대주교 직을 맡기까지 몇 개월간 코페르니쿠스가 루찬스키의 업무를 대행했다. 1529년부터 코페르니쿠스는 틈틈이 시간을 내어 그 동안 관측하고 연구해 왔던 자신의 자료들을 체계적으로 정리하는 작업에 몰두했다.

코페르니쿠스가 소속된 참사회 내에서도 새로운 행성계 이론인 태양중심설은 점차 관심의 대상이 되기 시작했는데, 참사회 위원들 중 한 명이 코페르니쿠스의 태양중심설과 관련된 여러 사항들을 교황 클레멘트 7세(Pope Clement VII)의 비서에게 알려 주었다. 그러자 얼마 되지 않아, 교황과 여러 추기경들 사이에서 코페르니쿠스의 행성이론이 조금씩 회자되기 시작했다.

1534년, 교황이 서거하자 교황의 비서직을 수행했던 사람이 이번에는 자리를 옮겨 쇤베르크(Nicholas Schönberg) 추기경의 비서직을 맡게 되었다. 1536년, 쇤베르크는 새로운 행성이론과 관련된 연구의 진행 과정을 자신에게 자세하게 알려 주기를 부탁하는 내용을 담은 편지를 코페르니쿠스에게 보냈다. 그 시기 첼름노(Chelmno)의 대주교였던 기세

(Tiedemann Giese) 역시 코페르니쿠스와 아주 돈독한 사이였는데, 그는 새로운 행성이론이 조속히 책으로 출판되어야만 한다고 코페르니쿠스를 계속 설득하고 있었다.

1539년, 루터파(Lutheran) 학문의 중심축이었던 비텐베르크대학에서 학생들을 가르치던 레티쿠스가 불현듯 코페르니쿠스를 찾아와 새로운 행성이론을 배우기 시작했다. 레티쿠스는 코페르니쿠스의 제자로 3년간 머물면서 태양중심설을 기반으로 한 새로운 우주론을 수립하는 작업에 큰 기여를 했다. 특히『천구의 회전에 관하여』가 출판되기 3년 전인 1540년에 레티쿠스는『최초의 보고서(Narratio Prima)』를 통해 코페르니쿠스를 프톨레마이오스와 동등하다고 평가했는데, 이런 도발에 대해 당시 천문학계는 그다지 거친 대응을 하지 않았다. 이런 반응에 고무되어 코페르니쿠스는 자신의 원고 작업에 더욱 자신감을 갖게 되었다.『최초의 보고서』는 지구의 운동에 바탕을 둔 코페르니쿠스의 이론을 간략하게나마 미리 소개하는 양식을 취했다. 이것은 1512년에 발표된『짧은 주석(Commentariolus)』이후, 코페르니쿠스의 태양중심설을 보다 구체적으로 표현한 최초의 출판물이라고 할 수 있다. 레티쿠스는 이 책을 인쇄소에서 출판할 당시 겸손한 태도를 보일 의향으로 일부러 자신의 이름을 저자명으로 넣지 않았다.

코페르니쿠스가 저술한『천구의 회전에 관하여』의 원래 제목은『회전(Revolution)』이었다. 그런데 원고(原稿)에 기록된 표현 기법들이 다소 복잡했기 때문에, 정교한 인쇄 장비가 구비된 곳이 아니라면 출판하기가 어려웠다. 그래서 여러 차례 논의 끝에 레티쿠스가 원고를 필사해서 당시 첨단 장비가 잘 구비된 뉘렘베르크지역에 있는 인쇄소에서 출판 작업을 진행하기로 결정했다. 1541년, 레티쿠스는『회전』의 원고를 들고 일단 비텐베르크대학으로 돌아갔다. 그리고 그 곳에서 이듬해까지 학생들을 가르쳤다. 1542년 5월이 되자 레티쿠스는 원고 뭉치를 들고 당시 인쇄 기술이 뛰어나다고 명성이 자자했던 페트라이우스의 인쇄소를 찾아가 작업을 의뢰했다. 하지만 레티쿠스는 출판 과정 전체를 마무리 짓지 못했다. 왜냐하면 라이프치히대학에서 수학 교수직을 맡아 달라는 요청이 들어왔기 때문이다. 레티쿠스는 그런 좋은 기회를 놓칠 수가 없었다. 1542년 가을, 레티쿠스는 길을 떠나면서 오지안더에게 출판 작업의 마무리를 간곡하게 부탁했고, 오지안더는 적극적으로 돕겠다는 의사를 표명했다.

1542년 6월에 시작하여 10개월간의 작업 기간을 거치면서 400여 페이지에 달하는 양이 인쇄되었는데, 이 때 책의 제목이 『회전』에서 『천구의 회전에 관하여』로 바뀌게 된다. 조금씩 인쇄물이 나올 때마다 코페르니쿠스에게로 보내졌고, 그것은 교정이 되어 다시 인쇄소로 되돌아왔다.

1542년 12월, 코페르니쿠스가 뇌졸중으로 쓰러지는 사건이 발생했다. 그 결과 코페르니쿠스는 신체의 오른쪽 모두를 사용할 수 없게 되어 원고 집필이 더 이상 불가능하게 돼 버렸다. 우여곡절 끝에 1543년 3월 말에 『천구의 회전에 관하여』는 완성된 책으로 나왔는데, 훗날 전하는 바에 따르면 코페르니쿠스가 책으로 완성된 『천구의 회전에 관하여』를 마지막 순간까지 보지 못했다는 설과 그가 세상을 떠난 1543년 5월 24일에 책을 전해 받긴 했으나, 정신이 아주 혼미한 상태였던지라 책 자체를 제대로 넘겨보지도 못했다는 두 가지 설이 전해진다. 종교적 신념과 천문학 사이에서 끊임없이 갈등하며 새로운 세계관을 제시했던 코페르니쿠스는 생전 큰 영광을 누리지도 못한 채 조용히 세상을 떠나고 말았다. 우리나라에서 통용되는 나이로 향년 71세였다. 코페르니쿠스의 이론은 2천 년 이상 지속되었던 지구중심설을 폐기시키는 단초였을 뿐만 아니라, 근대 과학혁명의 도화선이 되었다. 지금도 그의 사상은 여러 분야에서 '코페르니쿠스적 발상'이라는 이름으로 회자되고 있다.

2장
티코

 티코(Tycho Brahe)는 1546년 12월 14일 현재는 스웨덴의 영토이지만 당시엔 덴마크 영토였던 헬싱보르크(Helsingborg)에 있는 크누트스트루프 성(Knutstrup 城)에서 태어났다. 그는 당시 덴마크에서 큰 영향력을 발휘하고 있던 가문들 중 하나인 브라헤(Brahe) 가문의 오테(Otte)와 빌레(Bille) 가문의 베아테(Beate) 사이에서 쌍둥이 중 하나로 태어났는데, 할아버지의 이름을 물려받게 된 자신만이 살아남았다. 티코는 오테와 베아테의 두 번째 자녀이자 장남이었다. 오테는 자신의 동생 요르겐(Jorgen)과 제수(弟嫂)였던 잉게르(Inger) 사이에 아이가 없었기에 둘째아들이 태어나게 되면, 티코를 동생네 부부에게 입양시켜 대신 키울 수 있도록 해 주겠다고 약속한 적이 있었다. 그러던 중 티코의 첫 번째 생일이 지나고 일주일 후, 베아테는 슈텐(Steen)이라는 이름을 가지게 되는 둘째아들을 낳게 된다. 그러자 곧 요르겐은 오테에게 약속을 지키라고 재촉했으나, 오테는 장남으로 태어난 티코를 너무 좋아한 나머지 약속 이행을 계속 미루게 되는데, 그런 줄다리기 싸움이 일 년 이상 지속되자 요르겐과 잉게르는 두 살이 된 티코를 납치하여 덴마크 동부의 토스트루프(Tostrup) 지역에 위치한 자신들의 성(城)으로 데리고 가 버렸다. 처음에는 오테와 베아테가 상당히 격분했으나, 시간이 흐름에 따라 그런 변화를 조금씩 인정하기에 이르렀다. 티코가 양(養)부모 슬하에서 자라긴 했으나, 자신의 친부모를 만나기 위해 크누트스트루프 성을 자주 방문했다.

티코는 열두 살이 될 때까지 집 근처에 있던 대성당(大聖堂) 부속학교에 입학해 라틴어, 수학, 음악, 연극 등을 배웠는데, 당시 그 학교는 마르틴 루터에 의해 수립된 신(新)개념의 프로테스탄트 교리를 다룬 과목들도 반드시 이수하도록 교육과정이 짜여 있었다. 티코의 프로테스탄트 성향도 이 때부터 뿌리를 내리기 시작했다.

1559년 4월, 열세 살이 된 티코는 귀족 계급의 자녀들을 위해 수사학, 철학, 법학 등으로 학습 집중화가 이루어진 교육과정을 운영하고 있던 코펜하겐대학에 입학하게 되는데, 그는 천문학을 이곳에서 처음 접하게 되었다. 티코가 천문학 공부를 시작한 지 얼마 되지 않아, 자신이 궁금해 하는 것들에 대해 교수들 대부분이 정확하게 답을 해 주지 못하고 있음을 깨닫고 크게 실망하고 말았다. 하지만 이로 인해 천문학에 더욱 흥미를 갖게 된 티코는 천문학의 기초를 다지기 위해 천문학 관련 서적과 천구의(天球儀)를 비롯한 각종 물품들을 수집하기 시작했다.

티코는 코펜하겐대학에서 3년 동안 공부했는데, 그 기간 동안 아리스토텔레스, 프톨레마이오스, 코페르니쿠스 등 여러 천문학자들이 주장하는 이론들을 서로 비교하며 천문학자로서의 꿈을 키워 나갔다. 그러나 티코의 양부(養父) 요르겐은 티코가 귀족 계급에 걸맞은 공부를 해 주길 내심 바라고 있었다.

　1562년, 요르겐은 티코를 독일 동부에 위치한 라이프치히대학으로 보내 법학 공부를 좀 시키고자 했는데, 그 동행으로 티코보다 4살 연상 인 안데르스 쇠렌센 베델(Anders Sørensen Vedel)을 동료 겸 조언자로 함께 보냈다. 훗날 베델은 '덴마크의 위대한 역사가'라는 칭호를 받게 되는 인물이었다. 그 해 3월 24일, 그 둘은 라이프치히에 도착하자마자 어느 교수의 집으로 하숙을 들어가게 되었는데, 이것이 라이프치히대학 생 활의 시작이었다. 사실 베델은 티코가 천문학을 가까이 하지 못하도록 단속하는 임무를 띠고 동행한 것이었으나, 채 얼마 되지도 않아 그는 티코의 재능과 열정에 감복하여 자신의 역할을 포기하고 말았다.

　1565년 5월 중순, 티코와 베델은 라이프치히대학에서 3년이라는 시 간을 보내고 덴마크로 돌아왔다. 같은 해 6월, 티코의 양부 요르겐이 당시 덴마크 국왕이었던 프레데릭 2세와 함께 만취한 상태에서 다리를 건너려다 물에 빠지는 사건이 발생했다. 긴박한 상황에서 요르겐은 물 에 빠진 왕을 구하게 되지만, 자신은 그 사건의 후유증으로 인해 폐렴 에 걸려 세상을 떠나고 말았다.

　1566년 초, 티코는 다시 한 번 베델과 함께 독일의 비텐베르크대학으 로 유학을 떠날 결심을 하게 되는데, 당시 비텐베르크대학은 종교개혁 의 발상지이자 중부 유럽의 학문을 대표하는 중심지였다. 다시 독일로 유학을 떠나겠다고 집안사람들에게 말했을 때, 티코의 의견을 존중해 준 것은 오직 외삼촌 슈텐 빌레(Steen Bille)뿐이었다. 여전히 다른 가족들 과 친척들은 티코가 천문학에 빠져 있는 것을 영 탐탁지 않게 여겼다.

　1566년 4월 15일, 티코는 베델과 함께 비텐베르크에 도착해 학업에 열중했으나, 다섯 달이 지났을 무렵 전염병이 창궐하는 바람에 독일 북

동부에 있는 로스토크(Rostock)대학으로 이동해야만 했다. 로스토크대학의 천문학 수준은 사실 별로였다. 하지만 티코가 그 곳에 머무는 동안 그 해 10월 28일에 월식을 관측할 수 있는 기회를 가졌다. 티코는 연말까지 로스토크에 머물기로 하고, 그 곳에서 신학 교수였던 루카스 바흐마이스터(Lucas Bachmeister)와 과학과 수학에 대해 토론하며 많은 시간을 보냈다. 크리스마스 연휴 기간에 바흐마이스터의 집에서 파티가 열렸는데, 티코는 여러 동료들과 함께 천문학과 관련된 문제들을 토론하던 중 자신의 팔촌(八寸) 친척인 만더루프 파르스베르크(Manderup Parsberg)와 시비가 붙고 말았다. 그 날 밤에는 다행히 큰 싸움으로 번지진 않았으나, 며칠 후인 12월 29일에 다른 모임에서 그 두 사람이 다시 만났을 땐 칼부림이 나고 말았다. 당시 그 둘은 파티 장소에서 빠져 나와 교회 마당에서 결투를 벌이게 되었는데, 결국 티코는 자신의 코가 베어 나가는 중상을 입고 말았다. 그 사건은 티코가 평생 합금(合金)으로 만든 인공 코를 달고 다니게 만들었으며, 콧등 위에 연고를 바르거나 접착을 위해 아교를 바르고 문지르는 일은 그에게 흔한 일상이 되고 말았다.

티코가 외견상으로는 강한 의지의 소유자인 양 행세했으나, 내심 향수병에 몹시 시달렸다. 그는 1567년 말에 덴마크로 돌아왔다. 그러나 덴마크에 계속 머물 수가 없었다. 티코는 천문학자가 되겠다는 자신의 꿈을 이루기 위해 스위스 바젤대학을 경유해 이듬해 독일의 아우크스부르크(Augsburg)대학으로 들어갔다.

그 당시 귀족 계급의 학생들은 생업을 위해 공부하는 것이 아니었기에 군이 대학 졸업장이 필요치 않았는데, 티코가 자신의 관심 분야를 찾아 여러 대학을 자꾸 옮겨 다니며 공부하는 것이 평범하고 당연한 것

〈그림 13〉 합금으로 만든 인공 코를 달고 있는 티코의 모습

은 아닐지라도, 그리 이상하게 여길 만한 일도 아니었다. 티코가 아우크스부르크에 머무는 동안 천문학자 파울 하인첼(Paul Hainzel)과 교분을 쌓게 되는데, 그 둘은 서로 의기투합하여 당시로서는 상당히 큰 규모의 천체 관측용 사분의(四分儀)를 제작하기도 했다.

1570년, 티코는 생부(生父)인 오테가 병중에 있다는 전갈을 받고 덴마크로 돌아온다. 이듬해 봄, 오테는 헬싱보르크 성에서 쉰셋이라는 나이로 세상을 떠나고 만다. 오테는 자신의 아내와 자녀들에게 상당히 많은 유산을 남기고 떠났다. 당시 법률적으로 딸은 상속권이 없었기에, 티코에게 돌아오는 지분(持分)은 더욱 많아졌다. 그러나 불어난 재산에도 아랑곳하지 않고, 티코는 '위대한 천문학자가 되겠다'는 꿈을 이루기 위해 다시 덴마크를 떠나기로 결심한다. 그런데 당시 덴마크를 통치하고 있던 프레데릭(Frederick) 2세는 자신의 왕국을 유럽의 학문 중심지로 만들기 위해 여러 장학제도를 시행하며 학자들을 덴마크로 유인하고 있던 상황이었다. 그는 티코의 양부(養父)에 의해 자신의 목숨을 건진 바가 있었기에, 티코에게 남다른 호의를 베풀고자 했으며 티코의 재능 또한 높이 평가했다.

티코는 오테의 장례 절차를 담당하고 있던 루터파 목사인 요르겐 한센(Jørgen Hansen)의 딸 키르스텐 요르겐슈다터(Kirsten Jørgensdatter)를 우연히 만나게 되는데, 그들은 곧 사랑에 빠지고 말았다. 귀족과 평민 출신 간의 혼인이 그리 흔하지 않던 시대였던지라 주변 사람들의 반대가 무척 심했다. 그러나 당시 혼인법(婚姻法)에는 '어떤 남녀든 간에 같은 집에서 3년간 공개적인 동거를 하게 되면 법적인 부부로 인정받을 수 있다'는 조항이 명시되어 있었기에, 티코는 그 방식을 통해 키르스텐과 부부가 되었다. 그런데 국왕 프레데릭 2세 역시 왕족 신분으로 하층 계급 출신의 여인과 사랑에 빠진 적이 있었는데, 결국 신분 격차를 극복하지 못해 부부가 될 수 없었던 뼈아픈 과거를 지니고 있었다. 그래서 티코와 프레데릭 2세는 서로를 이해하며 동병상련의 정을 나눌 수 있었는데, 이런 정신적 연대는 프레데릭 2세로 하여금 어떤 수단과 방법을 동원해서라도 티코가 절대 덴마크를 떠나지 못하도록 해야겠다는 집착을 낳게 만들었다.

한편 티코는 키르스텐과 혼인한 후, 외삼촌 슈텐 빌레가 있는 헤레바드(Herrevad) 수도원으로 거처를 옮겼다. 슈텐의 저택은 웅장했으며 연금술 작업실까지 갖추고 있었다. 티코는 그 곳에서 본격적인 천체 관측을 시작했다.

1572년 11월 11일 밤, 티코는 자신의 실험실에서 일과를 마치고 숙소로 돌아가는 길에 카시오페이아 별자리 근처에서 지금까지는 볼 수 없었던 낯선 빛 하나가 반짝이는 것을 발견하게 된다. 그는 여덟 달 동안이나 그 빛을 관측한 후, 그것은 달보다 훨씬 더 먼 곳으로부터 오는 빛이라는 결론을 내렸다. 티코는 그 빛을 새로운 별의 탄생이라고 확신했는데, 이것이 곧 신성(新星)이었다.

티코가 처음에는 신성에 관한 관측 자료들을 정리해 굳이 출판까지 해야겠다는 의도를 갖고 있지는 않았었는데, 자신을 키워 준 양모(養母) 잉게르 옥세(Inger Oxe)의 오빠이자 아마추어 천문학자였던 페데르 옥세(Peder Oxe)의 권유로 1573년에 그 동안의 연구 결과들을 개략적으로 정리하여 『신성(新星)에 관하여(De Stella Nova)』라는 제목의 책을 증정본 형태로 출판하였다. 이 책의 출판을 통해 티코는 천문학자로서의 명성을 떨칠 수 있는 기회를 갖게 되었다. 이렇게 되자 프레데릭 2세는 티코를 더욱 놓아줄 수가 없게 되었다. 프레데릭 2세는 티코에게 코펜하겐대학에서 강의를 좀 해 주길 부탁했고, 티코는 자신의 연구 성과들을 알리고 싶은 욕심에 그 제안을 받아들였다. 그러나 강의를 맡기 시작하면서부터 티코는 계속 시간에 쫓기는 생활을 하게 되었다. 급기야 천문학 연구를 제대로 할 수 없는 지경까지 이르게 되자, 티코는 강의를 접고 말았다.

프레데릭 2세의 노력에도 불구하고, 티코는 덴마크에서의 삶이 점점 못마땅해졌으며 천문대를 운영하며 천상계를 완벽하게 해석할 수 있는 천문학자가 되겠다는 자신의 꿈을 이루기 위해 비텐베르크나 바젤로 이주해야겠다는 결심을 하게 된다. 어디로 이주해야 할지를 결정하기 위해 여러 곳을 여행하며 탐색한 결과, 티코는 바젤이 가장 적당한 곳이라는 결론을 내리게 된다. 티코는 바젤로 이주할 결심을 굳히고 덴마크로 돌아왔는데, 프레데릭 2세는 티코를 붙잡아두기 위한 목적으로 파격적인 제안을 하게 된다. 프레데릭 2세는 티코가 천체관측소를 세우고 아무런 간섭도 없이 자유롭게 연구 활동을 지속할 수 있도록 공간을 마련해 주기 위해 성(城)을 하나 고를 수 있는 선택권을 부여했다. 하지만 티코는 바젤로 가겠다는 결심이 확고했던지라, 그 제안을 거절했다. 이런 줄다리기가 이어지다 1575년에 이르러 프레데릭 2세는 더욱 엄청난 제안을 하게 되는데, 아예 벤(Hven)이라는 섬을 하나 할양해서 그 곳의 영주가 되어 독자적인 연구 활동을 마음 놓고 할 수 있도록 모든 지원을 제공하겠다는 것이었다. 벤은 현재 덴마크와 스웨덴 사이의 있는 외레순(Øresund) 해협 안에 위치한 섬이다.

티코는 여러 친구들 그리고 친척들과도 상의한 후, 결국 벤섬으로 이주하기로 결심했다. 1576년 2월 18일, 드디어 티코를 비롯한 그의 식솔들이 벤섬에 도착했다. 당시 그 곳에 거주하던 토착민들의 수는 대략 200여 명 정도였다. 그런데 티코가 이주하고 얼마 되지 않아, 티코와 주민들 사이에는 갈등이 생기기 시작했다. 당시 주민들은 소작의 형태로 농사를 지으며 살고 있었는데, 예전까지는 그들 자신들과 관련된 일들에 대해서만 신경 쓰며 살았다. 그리고 오직 왕에게만 복종할 뿐이지, 섬의 경작지에 대한 소유권도 내심 자신들이 가졌다고 생각하며 살아오던 주민들이었다. 그런데 이제는 귀족의 사적인 욕망을 충족시키기 위해 천문대와 저택을 건설하는 노역동원에 얽매이게 됨으로써, 농사를 제대로 지을 수 없을 지경에까지 이르게 되고 말았다. 이런 예상치 못한 상황을 받아들이기 힘들었던 몇몇 주민들은 평생의 모금자리였던 벤섬을 아예 떠나 버렸다.

여러 우여곡절 끝에 벤섬의 중앙에 우라니보르크(Uraniborg: '우라니아의 성(城)'이라는 의미를 지닌 것으로, 우라니아는 그리스 신화에 나오는 천문을 주관하는 여신이다)

라는 천문대와 저택을 갖춘 작은 성이 완공되었다.

티코는 이제 프레데릭 2세의 경제적 지원 그리고 상속으로 물려받은 유산으로부터 고정적으로 들어오게 되는 상당액의 수입을 마음껏 운용할 수 있게 되었다. 벤섬의 우라니보르크에는 식솔(食率)이 상당히 많았는데, 그 당시 티코 부부와 그들 사이의 자녀들, 사제, 가정교사들, 유모들, 요리사들, 정원사들, 제단사들, 경비원들, 마부들, 가사를 전담하는 가정부들, 하녀들, 관리 업무를 총괄하는 비서 등을 포함해 천체 관측 작업을 보조하고 배우기 위해 여러 지역에서 찾아온 학생들을 다 합하게 되면 자그마치 수십 명에 이를 정도였다. 티코에게 천문학을 배우러 여러 곳에서 학생들이 모여들었는데, 그들의 출신 국가는 덴마크, 노르웨이, 아이슬란드, 네덜란드, 독일, 영국 등 다양했다. 이들은 연평균 150~185회 정도의 야간관측을 실시했는데, 관측은 팀별로 이루어졌으며 한 팀은 세 명으로 구성되었다. 가장 경험이 많은 사람이 팀장을 맡았으며, 한 명은 등(燈)을 들고서 관측된 값을 불러주고, 다른 한 명은 관측 시간을 불러 주고, 세 번째 사람은 관측값과 시각을 관측일지에 기록하는 형태로 작업이 진행되었다.

페테르 야콥센 플렘로제(Peter Jakobsen Flemlose), 엘리아스 올젠 모르징(Elias Olsen Morsing), 크리스티앙 롱고몬타누스(Christian Longomontanus)는 재능이 뛰어나 티코가 무척 신뢰하고 아꼈던 제자들이었는데, 특히 티코와 8년 동안 함께 고생하며 언제나 헌신적이었던 롱고몬타누스는 그들 중 가장 출중했다. 망원경이 아직 발명되지 않았던 시기에 역대 가장 정교한 관측값들을 보유하고 있던 티코는 훗날 케플러가 행성 운동의 법칙들을 이끌어 낼 수 있도록 중요한 기초 자료를 제공했다.

티코가 그런 자료들을 풍부하게 보유할 수 있었던 것은 관측 장비들을 개량하는 작업을 평생 동안 지속했기 때문이었다. 티코가 대형 육분의(六分儀)와 사분의(四分儀)를 비롯한 여러 관측 장비들을 개량할 때면, 언제나 우라니보르크에 소속된 기능공, 조각가, 건축가 등과 함께 충분하리만큼 논의를 거듭함으로써 관측 장비의 정밀도를 높이는 데 만전을 기했다.

당시 티코가 최첨단 관측 장비들을 보유하고 있었다 할지라도, 여전히 연주 시차를 발견할 수는 없었다. 왜냐하면 항성들이 너무나 멀리 있었기 때문인데, 연주 시차의 발견은 19세기에 이르러서야 비로소 가능했다. 독일의 베셀(Friedrich Wilhelm Bessel, 1784-1846)이 1838년에 백조자리 61번 별의 연주시차 0.31″를 발견한 것이 최초였다. 0.31″라는 것은 원각(圓角)을 기준으로 1°의 $\frac{1}{3600}$의 1인 1″보다도 더 작은 각도를 말한다.

연주 시차가 이처럼 작은 각도이기에 16세기의 관측 도구로서는 당연히 발견하기가 불가능했다. 현재 관측된 별들 중에서 가장 큰 연주 시차를 보여 주고 있는 별인 프록시마 센타우리(Proxima Centauri)도 그 각이 0.76″밖에 되지 않는다.

결국 티코는 코페르니쿠스 행성계를 선택하지 않고, 지구중심설을 기본 틀로 설정한 후, 자신이 구상해 왔던 여러 요소들을 조금씩 가미하는 방식을 통해 새로운 천상계를 그려 나갔다.

티코는 벤섬에서 천체 관측에만 몰두한 것은 아니었다. 예전에 그 곳에서 유행했던 페스트와 발진티푸스와 같은 질병 등을 치료할 목적으로 의약품 개발을 위한 연구도 병행했는데, 벤섬 주민의 대부분은 티코의 이런 의도만큼은 고맙게 여겼다. 그러나 주민들 중 몇몇은 티코를 신뢰하지 못하고, 자신들이 실험 대상이 되고 있음을 의심하기도 했다.

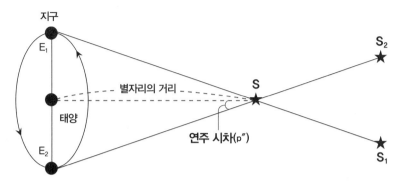

(그림에서 부채꼴 각도의 $\frac{1}{2}$ 즉 P″가 연주 시차)

〈그림 14〉 지구 공전의 확실한 증거인 연주 시차

1572년에 티코가 발견했던 신성과 관련된 연구 성과는 프레데릭 2세가 벤섬을 하사하고 우라니보르크 성을 건립하는 데 소요되는 비용을 적극적으로 후원하도록 유도했는데, 이후 또 다른 획기적인 연구 성과는 1577년 11월 13일에 발견된 혜성에 관한 것이었다. 그는 1578년에서 1587년까지 무려 10년 동안이나 그 혜성에 관한 연구에 몰두하게 되는데, 여러 단계로 구성된 내용과 그림으로 짜여진 원고를 작성하여 『천상계의 최근 현상들(Recent Phenomena in the Celestial World)』이라는 책을 1588년에 펴내게 된다. 이 책은 『꼬리를 가진 별(Stella Caudata)』이라는 별칭으로도 유명한데, 혜성의 이동 경로와 관측 결과들을 아주 자세하게 다루고 있다. 티코는 이 책에서 혜성의 꼬리가 항상 태양의 반대편으로 뻗어나가고 있음을 입증했다. 티코는 혜성의 위치가 달의 공전 궤도를 넘어서는 바깥쪽 영역에 있음을 증명했는데, 이것은 모든 천상계의 변화는 달의 회전구(回轉球) 안쪽에서만 일어난다는 전통적인 아리스토텔레스 물리학을 부정하는 것이었다. 당시 아리스토텔레스 물리학은 모든 대학과 연

구 기관에서 자연과학의 근본으로 숭상되어지고 있었기에 티코의 이런 발표는 기존 천문학의 원칙을 완전히 깨뜨리는 것이었다.

티코는 혜성의 이동 경로가 원궤도를 이루고 있지 않을 뿐더러, 행성들의 운동 궤도를 교차하고 있다는 것까지 증명함으로써 코페르니쿠스의 이론 중 일부는 옳은 것이라고 생각했다. 그래서 티코는 아리스토텔레스, 프톨레마이오스, 코페르니쿠스의 이론들을 종합적으로 분석하여 자신만의 독창적인 행성계 시스템을 고안해야겠다는 결심을 하게 된다.

한편 1588년에는 덴마크 내부에 여러 변화가 있었는데, 열 살에 불과한 왕세자 크리스티앙(Christian)이 프레데릭 2세의 왕위를 계승하게 되었다. 하지만 소피아 왕비의 독단적인 정치 간섭을 견제하기 위해 귀족 세력들은 대의원을 선출하여 섭정위원회를 만들어 통치 권력을 분산시키는데 성공했다. 티코는 법률상으로 귀족과 평민 사이에 태어난 자녀들은 유산을 상속받을 수 없다는 걸림돌을 제거하기 위해 줄곧 노력해 왔음에도, 프레데릭 2세의 치세 기간 동안에 명확한 해결을 보지 못했다(프레데릭 2세가 구두로 약속을 해 준 적은 있으나, 문서상으로는 승인해 주지 않았기 때문이었다). 그래서 섭정위원회가 들어서자 티코는 실세들을 중심으로 좀 더 적극적인 회유 활동을 펼치게 되는데, 결국 티코의 아들 중 하나가 우라니보르크를 상속할 수 있도록 승인받는 데 성공하게 된다.

그러나 벤섬 주민들의 원성은 시간이 갈수록 커져 갔으며, 그에 관한 소식들이 왕실 내부로까지 전해지게 되었다. 또 한편으로 프레데릭 2세가 안치되어 있는 로스킬레 대성당 소속의 '성(聖) 동방의 세 박사(The Holy Three Kings)' 예배당의 관리를 담당하는 명목으로 녹봉을 받아 오고 있던 티코가 예배당 관리를 형편없이 하고 있음이 드러나자 왕실은 그에게 여러 번 경고를 주었다. 그러나 선왕(先王)의 무덤 관리가 전혀 개선되지 않자, 티코에 대한 크리스티앙의 신망은 급격히 무너지고 말았다. 설상가상으로 티코가 젊었던 시절엔 국내외 주요한 정책 결정 과정에 참여하고, 그 입안(立案)들을 국왕으로 하여금 실행하도록 설득하던 자문기관인 추밀원(樞密院)의 구성원들이 그의 절친한 귀족 친구들과 브라헤 가문의 사람들로 구성이 되었으나, 프레데릭 2세가 세상을 떠난 후엔 브라헤 가문의 적대 세력들이 섭정위원회의 구성원으로 조금씩 들어가게 되자, 상황은 완전히 바뀌어 버렸다. 섭정위원회의 활동이 마무리 단계에 이르고, 이윽고 크리스티앙이 정식으로 국왕에 즉위하게 되자 티코의 후원 세력들은 거의 소멸해 버렸다.

1596년 8월 29일, 당시 열아홉 살이던 왕세자 크리스티앙 4세가 덴마크 국왕으로 즉위했다. 그는 대관식을 치르고 얼마 되지 않아, 곧장 티코가 누리고 있던 권한과 혜택들을 박탈하기 시작했다. 특히 크리스티앙 4세는 당시 유럽에서 유행하던 왕권신수설(王權神授說)을 통치 이념으로 삼으며 왕권 행사에 강한 의지를 보였다. 티코의 일부 부적절했던 행동들이 벤섬 주민들의 탄원서를 통해 세상에 알려지자, 왕실에 포진하고 있던 티코의 적대 세력들은 이 사태를 티코를 비롯한 브라헤 가문 세력들을 축출하기 위한 절호의 기회로 삼았다. 결국 벤섬의 모든 재산과 권리들을 자녀들에게 세습할 수 없도록 하는 조치가 내려지자, 이제 티코에게 남은 것은 식솔들을 정리하고 벤섬을 떠나는 것뿐이었다.

티코가 벤섬을 떠난 후, 코펜하겐에 마련한 자신의 집 근처에 있는 도시 성벽 위에서 천체 관측을 시도하려 했을 때, 시(市) 당국은 허가를 내주지 않는데 그러한 행정 조치는 크리스티앙 4세를 위시해 티코의 정적(政敵)들이 배후에서 압력을 행사한 결과였다. 코펜하겐에 머문 지 3개월이 지난 후, 그는 덴마크를 떠나야겠다는 결심을 확실히 굳히게 된다.

티코는 멕클렌부르크(Mecklenburg)의 울리히(Ulrich) 공작에게 독일의 로스토크(Rostock)에 자신의 식솔들이 기거할 수 있는 거처를 마련해 줄 것을 요청하는 편지를 보냈다. 그는 덴마크에서 무시당하며 불명예스럽게 사느니 차라리 다른 나라로 망명해 성공하는 모습을 보여 줄 심상이었다. 얼마 후, 울리히 공작으로부터 티코를 돕겠다는 답신이 왔다. 그리하여 50세에 접어든 티코는 아내 키르스텐과 자녀들, 하인들, 그리고 자신을 변함없이 따랐던 벤섬의 목사 레베렌트 벤조질(Reverend Wensosil) 등을 포함해 20여 명을 이끌고 로스토크로 향했다.

1597년 9월, 티코의 식솔들은 또 다시 로스토크를 떠나 하인리히 란차우(Heinrich Rantzau)의 배려로 함부르크 인근의 반트스부르크(Wandsburg) 성으로 거처를 옮기게 된다. 한동안 제대로 된 연구를 하지 못했던 티코는 반트스부르크 성에 도착하자마자 본격적으로 천체 관측을 재개했다. 그러나 한편으로 티코가 거처를 옮길 때마다 크리스티앙 4세에게 서신을 보내어 타협을 도모했는데, 그런 시도는 오히려 상황을 더욱 악화시키는 결과만을 초래했다(크리스티앙 4세는 티코의 편지 내용이 불손하기 그지 없다고만 생각했다). 그래서 티코는 하는 수 없이 지속적인 후원을 해 줄 수 있는 국가 지도자를 좀 더 폭넓게 찾아야만 했다.

1598년에 이르자, 티코는 자신이 개량한 천체 관측 장비들의 특징과 사용법 등을 자세히 소개한 책 『최신 천체 운동론(Astronomiae instauratae mechanica)』을 저술하게 된다. 티코는 황실을 프라하(Prague)로 옮겨와 있던 신성로마제국의 황제 루돌프 2세(Rudolph II)에게 자신이 저술한 책과 함께 자신의 연구를 지원해 달라는 편지를 보냈다. 루돌프 2세는 정치와 관련된 분야보다 과학과 기술 분야에 관심이 더 많았던 황제였는데, 그는 400년을 넘게 신성로마제국을 통치해 온 합스부르크(Hapsburg) 왕가의 자손이었다. 당시 신성로마제국은 현재 독일과 오스트리아 지역의 대부분을 아우르는 유럽 중앙에 위치한 여러 작은 국가들의 연합체였는데, 강력한 중앙집권적 통치력이 발휘되거나 칙령에 의한 구속력이 엄격하게 집행될 만큼 견고한 제국(帝國)의 위용을 보이지는 못했다.

원래 1599년 1월경에 티코와 루돌프 2세가 만나기로 예정이 되어 있었는데, 여러 사정으로 인해 7월 초에야 만남이 성사되었다. 티코는 자신의 아들과 함께 황제가 머무르고 있던 흐라드차니(Hradcany) 성으로 가서 황제를 알현했다. 티코는 루돌프 2세에게 자신의 연구 업적들을 설명하기 위해 항성목록, 관측 장비에 대한 자료, 행성계 연구에 관한 내용들을 정리한 책자 등을 가지고 궁으로 들어갔는데, 그 자료들이 보여 주는 참신함과 티코의 열정에 감복한 루돌프 2세는 세습이 가능한 봉토(封土)를 하사하겠다는 것과 1522년경에 건축된 베나트키(Benátky) 성을 보금자리로 하여 천체 연구를 계속할 수 있도록 후원해 주겠다는 약속을 했다. 그 약속은 곧장 실행으로 옮겨졌는데, 티코는 베나트키 성을 제2의 우라니보르크로 만들겠다는 계획을 수립하고 필요한 절차들을 신속하게 행동으로 옮겼다.

1600년 2월, 예전에 서신 교환을 통해 뛰어난 재능을 짐작할 수 있게 해 주었던 케플러가 베나트키 성으로 들어와 티코와 함께 연구를 시작했다. 하지만 그들은 구상하고 있던 행성계의 기본 틀이 각자 달랐으며, 성격을 비롯해 사고방식까지도 닮은 점이 별로 없었다. 당연히 다툼과 화해는 반복되었다. 하지만 서로 상대가 지닌 재능만큼은 언제나 높게 평가했다.

당시 티코는 53세였고, 케플러는 29세였는데, 티코가 관측 자료들을 제대로 열람할 수 없도록 통제하기에 이르자 케플러는 불만이 쌓이기 시작했다. 티코가 케플러에게 제한된 정보만을 제공할 수밖에 없었던 것은 '태양을 중심으로 행성들이 공전하고, 이 태양계가 다시 지구를 중심으로 회전한다'는 티코의 수정(修正) 지구중심설에 대해 케플러가 전혀 동의를 하지 않았기 때문이었다. 티코는 케플러가 관측 자료만을 요구할 뿐, 정작 자신이 견지하고 있던 수정(修正) 지구중심설과 관련해서는 함께 연구할 의지가 전혀 없음을 재빨리 간파했다. 그들이 다툴 때는 서로에게 온갖 욕설을 퍼부었으며, 화를 참지 못한 케플러는 베나트키 성을 뛰쳐나가곤 했다. 그러다 시간이 좀 흘러 케플러가 분을 다 삭일 시점에 이르게 되면 다시 베나트키 성으로 돌아왔는데, 그럴 때마다 티코는 아무렇지도 않은 듯 태연한 표정을 지으며 케플러를 맞이했다. 케플러가 베나트키 성으로 되돌아올 수밖에 없었던 이유는 당장 티코로부터 제공받는 봉급이 없이는 그의 가족들을 부양할 수 있는 형편이 되질 못했기 때문이었다.

티코의 식솔들이 베나트키 성에 들어온 지 채 몇 개월이 지나지 않아, 루돌프 2세의 부득이한 요청으로 인해 어쩔 수 없이 그들은 다시 베나트키 성을 떠나야만 했다. 하지만 루돌프 2세는 프라하에 티코의 식솔들이 기거할 수 있는 저택을 따로 마련해 주었다. 이 때 티코의 가장 훌륭한 제자 롱고몬타누스가 코펜하겐대학의 교수직을 얻게 되어 떠나는 바람에, 티코는 케플러의 도움이 그 어느 때보다도 절실한 상황이 되고 말았다. 하지만 케플러는 티코가 구상하고 있던 수정된 지구중심설이 아닌, 코페르니쿠스 태양중심설만을 끝까지 고집하며 대립했다.

티코가 54세가 되자, 그는 관측 자료를 보강하는 작업에서 한 걸음 물러나 자신의 연구 성과를 정리하여 책을 편찬하기 위한 원고 작업에 몰두하기 시작했다.

1601년 4월, 케플러는 그라츠(Graz)로 떠났다. 티코의 식솔들이 베나트키 성에서 프라하로 이주할 시점에 케플러가 그라츠에 정착할 목적으로 떠난 적이 있었기에 이번이 두 번째였다. 하지만 그 해 8월이 되자, 케플러는 다시 티코에게로 돌아올 수밖에 없었다. 왜냐하면 당시 그라츠의 상황은 종교, 정치, 경제적 측면 모두에서 케플러가 정착할 수 있을 만큼의 충분한 조건을 제공하지 못하는 곳이 돼 버렸기 때문이었다.

황제 루돌프 2세는 케플러에게 티코와 함께 새로운 행성표를 제작해준다면 궁정수학자로 삼겠다는 조건을 제시했다. 궁핍한 처지였던 케플러에게는 반갑기 그지없는 제안이었으며, 그것은 곧 티코의 뒤를 이을 만큼 뛰어난 재능을 지녔다는 것을 인정받는 것이기도 했다. 물심양면으로 후원을 아끼지 않았던 루돌프 2세에 대한 고마움의 표시로 티코는 새롭게 완성될 행성표의 명칭을 '루돌프 행성표(Rudolphine Tables)'라고 이름 지을 수 있도록 허락해 달라는 요청을 루돌프 2세에게 했으며, 황제 루돌프 2세는 자신의 명성을 드높일 수 있는 좋은 기회였기에 흔쾌히 승낙했다.

1601년 10월 13일, 티코는 로젠베르크(Rosenberg) 남작의 저택에서 열린 만찬회에 초대를 받았는데, 당시 동석했던 사람들은 티코의 처지를 위로하기 위해 과할 정도로 술을 권했다. 티코는 과음으로 인해 방광이 터질 정도로 압박을 느꼈지만, 당시 예법에는 만찬의 주최자가 자리에서 일어나기 전에 손님이 먼저 자리에서 일어나는 것은 큰 결례로 여겼던 터라, 티코는 계속 오줌을 참아야만 했다. 그 날 이후, 티코는 방광에 이상이 생겨 소변을 볼 수 없게 되고 말았다. 그는 며칠 동안 고열로 인해 잠을 자지도 못하고 정신까지 혼미해져 헛소리를 지르게 되는 상황까지 이르고 말았다.

10월 24일 밤, 기력이 다한 티코는 프라하에 머물고 있던 아내 키르스텐과 장남, 그리고 둘째딸을 제외한 나머지 자녀들과 제자들을 불러 모아 자신은 결코 후회가 없는 인생을 살았으며 부디 자신의 뒤를 이어 부단히 천체 연구를 계속해 달라는 말을 남김과 동시에 케플러에게는 특히 루돌프 행성표를 잘 완성해 달라는 당부를 전하며 숨을 거두었다. 향년 56세였다. 티코는 마지막까지 지구중심설을 견지했으나, 당대 최고 수준의 관측 자료들을 확보해 천체물리학이 태동할 수 있는 토대를 마련했으며, 전통적 아리스토텔레스의 원칙들을 깨뜨려 천문학이 새로운 전환기를 마련할 수 있도록 돌파구를 제공한 관측천문학의 귀재였다.

3장
케플러

케플러(Johannes Kepler)는 1571년 12월 27일 독일의 뷔르템베르크(Württemberg) 주(州)에 있는 바일 데어 슈타트(Weil der Stadt)라는 작은 도시의 독실한 루터교 가정에서 태어났다. 그의 가문은 예전에 기사작위까지 받았으나, 궁핍한 살림살이로 인해 기술자 신분으로 전락한 경우였는데, 그의 할아버지는 바일 주(州)의 시장(市長)직에 선출되어 나름 명성을 떨치기도 했다. 하지만 그의 아버지 하인리히(Heinrich)는 아내에게 폭력을 행사하며 부부싸움을 곧잘 했다고 전해진다. 그는 케플러가 세 살이 되기도 전에 용병이 되어 전쟁터를 누비고 다녔는데, 가끔씩 집에 들러 가족들을 못살게 굴다가 얼마 뒤 다시 먼 길을 떠나곤 했다. 케플러의 어머니인 카타리나(Katharina)는 모두 일곱 명의 자녀를 낳았는데, 그 중 세 명은 성인이 되기 전에 요절했다. 케플러의 부모들은 자녀들을 따뜻한 사랑과 정성으로 좋은 교육을 시켜 가문을 일으켜야겠다는 생각과는 전혀 동떨어진, 고집이 세고 이기적이며 가족에 대한 배려심마저 부족한 사람들이었다고 전해진다.

1584년, 케플러는 아델베르크(Adelberg)의 중등신학교(中等神學校)에서 2년간 공부한 후, 1586년에는 마울브론(Maulbronn)의 시토 수도회의 수도원이면서 교육기관으로서의 역할을 담당하고 있던 고등신학교(高等神學校)에 진학하여 2년을 더 공부했다. 이 학교들은 대학 진학을 준비하는 교육과정으로 학생들을 가르치고 있었다. 학교생활은 매우 엄격하게 관리되었는데, 여름에는 오전 4시, 겨울에는 오전 5시부터 일과가 시작되었다. 대부분 과목들은 라틴어로 강의가 이루어졌으며, 졸업을 위해서는 신학을 비롯해 그리스어, 수사학, 음악, 기하학 등 여러 과목들을 이수해야만 했다.

1589년, 튀빙겐(Tübingen)대학의 신학교에 입학하려던 케플러의 간절한 바람이 드디어 성사되었다. 케플러는 입학하면서부터 장학금을 받도록 되어 있긴 했으나, 손자의 학문적 열정을 기특하게 여긴 그의 할아버지가 학업을 보다 안정적으로 지속할 수 있도록 학교생활에 소요되는 비용을 따로 지원해 주었다. 케플러는 튀빙겐대학에서 다양한 소양 교육을 받았으나, 그 중에서도 특히 신학에 관심이 많았다. 그는 당시 프로테스탄트 내부의 분열상에 대해 관심을 갖고 상당히 많은 고민을 했는데, 그 이유는 청년 케플러의 마음속엔 성직자가 되겠다는 분명한 목표가 있었기 때문이었다. 그는 튀빙겐대학에서 수학과 천문학을 가르치고 있던 미카엘 매스틀린(Michael Mästlin)을 만나면서 천문학에 입문하게 된다. 매스틀린은 티코와 서신을 통해 천문학에 대한 견해를 주고받기도 한 인물이었다. 케플러가 재학하던 시절의 튀빙겐대학은 아리스토텔레스 자연철학과 프톨레마이오스 천문학을 기본 원칙으로 삼고 있었으나, 매스틀린은 코페르니쿠스 이론의 추종자였다. 케플러는 매스틀린을 통해 수학과 천문학을 제대로 배웠으며, 그를 통해 코페르니쿠스 추종 세력의 일원이 되었다.

튀빙겐대학에서는 기본 소양 과정 2년을 마치고, 신학 과정 3년을 하는 동안 통상 마지막 일 년 과정은 학생들 각자가 진로를 탐색하는 내용으로 학사 프로그램이 운영되고 있었는데, 어느 날 오스트리아 그라츠(Graz)의 프로테스탄트 신학교로부터 역사, 그리스어, 수학 등의 재능을 겸비한 교사를 한 명 보내 달라는 요청이 대학 당국으로 전해지게 된다. 이 때 케플러가 추천 대상이 되었다. 그는 너무 낯설고 먼 곳일 뿐더러, 목사가 아닌 교사가 된다는 것이 영 탐탁지 않았지만, 가족들과의 상의 끝에 이것이 곧 신의 뜻이라며 받아들였다.

1594년, 당시 그라츠는 종교적으로 상당히 불안정한 지역이었다. 튀빙겐은 루터파 교도들만 거주하는 곳이었으나, 그라츠는 프로테스탄트와 가톨릭교도들 간의 내부 갈등이 상존하고 있던 도시였다. 1555년에 체결된 아우크스부르크 평화협정(Peace of Augsburg)은 통치자의 결정에 따라 그 영토 내의 주민들은 하나의 종교만을 선택해야 하며, 그에 반하고자 할 경우에는 자신의 종교적 신념과 일치하는 곳으로 이주해야만 했다. 그라츠를 통치하고 있던 집권 세력들은 가톨릭교도들이었으나, 그라츠를 비롯해 인근 여러 도시들의 몇몇 세력가들과 주민들 일부는 프로테스탄트였다.

부임한 첫해에 케플러의 천문학과 수학 강좌를 신청한 학생수는 얼마 되지 않았는데, 그 이듬해에는 그나마 강좌 개설을 할 수 있을 만큼의 수강 신청도 이루어지지 않았다. 학교 당국은 수사학, 베르길리우스의 시문학(詩文學), 윤리학, 역사, 중급 산법(中級算法) 등으로 케플러의 강의 주제를 바꾸도록 조치를 취했으며, 케플러는 그에 따랐다.

케플러는 학교 업무 외에 그라츠 지역의 행정 업무에도 관여했는데, 대표적인 것이 점성학 정보가 담긴 연감(年鑑)을 편찬하는 것이었다. 그 연감은 일 년 동안 일어날 수 있는 여러 가지 사건들에 대한 정보가 담긴 것이었다. 케플러는 이런 일을 수행하면서 지역 인사들로부터 재능이 많은 수학자라는 명성을 얻을 수 있었다.

1595년 7월, 케플러는 수업 중에 목성과 토성의 합(合)에 관한 위치를 작도(作圖)를 통해 설명하던 중, 미묘한 규칙성을 발견하고 영감을 얻게 되면서 행성계 구조에 대한 연구를 본격적으로 시작하게 된다. 바로 이 시기에 케플러는 행성계 연구를 통해 우주를 창조한 신의 섭리를 규명해 보겠다는 강한 의지를 품게 되었다.

케플러는 다면체 이론을 행성들의 운동 궤도에 적용시키면서 플라톤의 완전 입체를 적절하게 조합하여 행성계 운동과 위치에 대한 규칙성을 추출하려 했다. 그러나 작업이 뜻대로 진행되지 않고 앞뒤가 안 맞는 경우가 자꾸 발생하자 케플러는 매스틀린에게 편지를 보내어 자신의 연구 과정을 소개하고 도움을 요청했다. 이에 매스틀린은 케플러에게 많은 조언을 하며 격려를 아끼지 않았다. 그 둘은 코페르니쿠스 이론을 원칙으로 삼는다는 공감대가 오래 전부터 형성되어 있었다.

케플러의 아내 바바라 뮐러(Barbara Müller)는 공장을 경영하면서 지주이기도 했던 욥스트 뮐러(Jobst Muller)의 딸이었는데, 케플러와 바바라는 중매로 만났다. 혼사가 진행되는 동안 바바라의 아버지는 케플러의 소극적인 태도에 화가 치밀어 파혼해 버릴 결심을 했다. 그러자 케플러는 주변 사람들과 그 지역 교회 인사들의 입김을 빌리는 한편, 자신이 직접 결혼에 대한 강한 의지를 표명함으로써 위급한 사태를 진정시켰다.

바바라는 부유한 집안의 딸이기는 했지만, 이미 두 번이나 결혼한 경력이 있는데다 딸까지 하나 두고 있었다.

1597년 4월, 바바라는 세 번째 신랑으로 케플러를 맞이해 결혼식장에 들어섰다. 결혼식을 하고서도 케플러는 오랫동안 장인과 사이가 좋지 않았다. 케플러의 첫 아이는 태어난 지 겨우 두 달 만에 죽었는데, 케플러에게는 무척 괴로운 사건이 아닐 수가 없었다.

1596년 12월, 페르디난트 2세(Ferdinand II)가 오스트리아 전역을 지배하게 되면서 종교 갈등은 조금씩 정치적 문제로 발전하기 시작했다. 결국 1598년 9월에 이르러 페르디난트 2세가 통치하는 모든 곳의 프로테스탄트 계열의 교회와 대학을 비롯한 교육 기관들은 폐쇄되었으며 관련 성직자들과 교사들 역시 추방되었다. 이제 프로테스탄트가 굳이 그라츠에 계속 머물겠다면 죽음을 각오한 경우라야만 가능했다. 하지만 케플러는 그라츠의 시정(市政)과 관련된 사업에 나름대로 공헌을 하고 있었으며, 페르디난트 2세가 케플러의 과학적 재능을 전해 듣고 그라츠에 계속 체류할 수 있도록 허락해 주게 되는데, 문제는 이미 폐쇄된 학교에서 케플러가 할 수 있는 것이라고는 아무것도 없다는 것이었다.

1599년 6월에 케플러의 두 번째 아이가 태어났는데, 그 아이 역시 태어난 지 35일 만에 세상을 떠나고 말았다. 케플러 내외는 너무나 상심이 컸으며 그 충격은 상당히 오랫동안 지속되었다. 가을이 되자 그라츠에 남아 있던 프로테스탄트가 다른 지역으로 이주할 경우, 어떤 재산도 거래하거나 반출할 수 없다는 내용을 담은 칙령이 내려질 것이라는 소문까지 돌기 시작하면서 도시 전체가 술렁이기 시작했다. 이듬해 케플러는 신성로마제국의 황제 루돌프 2세의 치하에서 대법관 직책을 맡고 있던 호프만(Hoffmann)으로부터 티코를 소개시켜 주겠다는 약속과 함께 프라하로 올 수 있는 마차를 보내 주겠다는 내용의 편지를 받게 된다. 케플러는 조금의 망설임도 없이 곧장 그라츠를 떠났다.

1600년 1월, 티코는 케플러가 프라하에 도착했다는 소식을 듣고 자신의 아들과 사위 텡크나겔(Frans Tengnagel)을 보내 케플러를 데려 오도록 했다. 이렇게 해서 티코와 케플러는 베나트키 성에서 운명적 만남을 갖게 되었다. 티코가 케플러를 반갑게 맞이하긴 했으나, 당시 티코의 머릿속에는 벤섬에 두고 온 장비들을 옮겨오는 일에 모든 신경이 쏠려 있었던 터라, 티코에 대해 품었던 케플러의 기대는 곧장 실망으로 돌아왔다. 그런데 한편으로 티코는 1584년 벤섬을 방문해 여러 관측 자료들을 훔쳐 마치 자신의 업적으로 포장하여 책을 출판한 적이 있는 니콜라스 레이머스 바르(Nicholas Reymers Bar)를 칭송하는 편지를 본인에게 보낸 바가 있던 케플러를 무한히 신뢰할 수만은 없었다. 케플러 역시 함께 협력해 연구하자고 다독이면서 자신의 재능을 높이 평가하는 것처럼 겉으로는 말하고 있지만, 시간이 흘러도 관측소의 기기들과 관측 자료들을 자유롭게 사용하고 열람할 수 있는 권한은 전혀 주지 않고 있는 티코의 태도가 영 못마땅했다. 그러다 케플러의 인내심이 한계에 다다르면 티코와 한바탕 격론을 벌이곤 했다.

당시 케플러는 경제적으로 궁핍한 상황에 처해 있었기에 어떻게든 안정된 생활과 수준 높은 연구 환경이 보장된 곳으로 이주할 목적으로 티코를 방문한 것이기는 했지만, 그것 말고도 1596년에 출판한 『우주의 신비(Mysterium Cosmographicum)』에 대한 검토 작업과 향후 집필하게 될 책들에 이용될 수 있는 자료들을 충분히 제공받기 위한 목적을 함께 이루기 위해 식솔들을 데리고 그라츠를 떠날 결심을 했던 것이다. 하지만 케플러는 자신이 계획한 것들이 하나씩 흐트러지게 되자 환멸(幻滅)을 느끼기 시작했다.

처음부터 케플러는 코페르니쿠스 행성계를 기본 틀로 삼고 연구를 진행하고 있었던 반면, 티코는 자신이 창안한 새로운 지구중심설에 뚜렷한 확신을 갖고 있었기에, 그 둘은 구조적인 문제에서부터 서로 어긋나 있었다. 티코는 자신의 연구 결과를 뒷받침해 줄 수학적 근거를 케플러가 마련해 주길 내심 바라고 있었으나, 그건 현실적으로 불가능해 보였다. 그래서 행성계 기본 틀에 관한 논쟁은 잦아졌다. 결국 케플러는 베나트키 성을 떠나 프라하로 가 버린다. 하지만 얼마 되지 않아 케플러가 사과하는 방식을 통해 베나트키 성으로 되돌아오고, 그 둘은 또다시 화해했다.

티코가 루돌프 2세에게 건의해 케플러가 보다 안정된 환경에서 연구에 집중할 수 있도록 재정적 지원을 확대해 주길 요청했고, 루돌프 2세는 그렇게 해 주겠다고 약속했다. 상황이 이처럼 호전되자, 케플러는 자신의 가족들을 그라츠에서 베나트키 성으로 데려오고자 했다. 하지만 케플러가 가족들의 이주를 위해 그라츠에 도착했을 때, 어떻게든 그라츠에서 여건만 허락된다면 티코에게 다시는 돌아가지 않으려고 했다.

1600년 10월, 케플러는 티코에게 다시 돌아왔다. 이 때는 루돌프 2세의 요청으로 티코의 가족들이 프라하의 새 저택으로 옮겨온 상태였는데, 케플러의 가족들도 그 곳에서 함께 생활하게 되었다. 하지만 그들은 또 다시 격한 대립을 반복했다. 어떻게 동상이몽으로 한 지붕 아래에서 다툼과 화해를 반복하며 상반된 연구를 진행할 수 있었는지 신기할 정도다.

1601년 10월 13일, 초대받은 저녁 만찬에서 티코는 예의를 지키려다 큰 병을 얻고 말았다. 10월 24일 티코는 케플러에게 자신의 연구를 완성시켜 달라는 유언을 남기고 세상을 떠났다. 이틀 후, 케플러는 루돌프 2세의 비서로부터 자신이 궁정 수학자로 임명되었음을 통보 받게 된다. 루돌프 2세는 자신의 이름을 딴 『루돌프 행성표』와 티코의 연구를 계승하겠다는 조건 아래 케플러를 후원하겠다는 제안을 내놓았다. 케플러는 그 제안을 주저 없이 받아들였다. 루돌프 2세는 티코의 장비들과 자료들을 상당한 거금을 주고 구입하는 형태를 통해 케플러에게 양도했다. 케플러는 티코의 장례식을 치른 후에 루돌프 황제의 거처 부근으로 가족들과 함께 이사를 했다. 이제 케플러는 티코의 첨단 장비와 관측 자료들을 마음껏 활용할 수가 있게 되었다.

1604년 10월 11일, 케플러는 신성(新星)을 발견하고, 그 후 2년 동안 관측 자료를 정리해서 『신성에 대하여(De Stella Nova)』라는 제목의 책을 출판하여 루돌프 2세에게 헌정했다. 그 사이에 케플러는 아들 프리드리히(Friedrich)를 얻게 된다.

티코가 남긴 화성의 관측 자료는 매우 정확하면서도 방대했는데, 케플러는 이를 토대로 행성의 운동 법칙을 발견하게 된다. 케플러는 행성들이 원궤도로 공전하는 것이 절대 아니며, 타원의 형태로 돌면서 근일점에서는 속도가 빨라지고, 원일점에서는 속도가 느려졌음을 발견했다. 게다가 행성이 같은 기간에 태양을 하나의 초점으로 두고 타원 선상을 쓸고 지나간 면적은 어디서든 모두 같게 나온다는 사실도 발견했다.

하지만 이런 연구 결과의 발표는 케플러가 티코의 관측 장비와 관측 자료들을 마음껏 이용하여 연구할 수 있도록 하는 계약을 조인하는 과정에서 설정된 조건에 따라 티코의 사위이자 제자였던 텡크나겔의 승인을 받아야만 했다. 텡크나겔은 케플러의 연구 결과가 티코의 행성계를 부정하고 있었지만, 끝까지 승인을 거부할 수만은 없었다.

1609년, 케플러는 '행성이 타원 궤도로 공전하며, 같은 기간에 같은 면적을 쓸고 지나간다'는 새로운 행성 운동 법칙에 대한 내용을 담고 있는 『신(新)천문학』을 출판하게 된다. 이런 학문적 성과는 후원자였던 루돌프 2세가 '학문을 장려하는 훌륭한 군주'라는 명성을 널리 떨칠 수 있도록 해 주었다. 루돌프 2세는 케플러에게 더욱 많은 후원을 해 주겠다고 약속했으나, 이번에는 곧장 실행되지 않았는데, 루돌프 2세는 그 후 채 3년도 안 되어 1612년 1월에 세상을 떠나고 말았다.

1610년 3월 15일, 케플러는 친분이 있던 바커 폰 바켄펠스(Wackher von Wackenfels)로부터 이탈리아의 갈릴레이가 망원경을 통해 새로운 천체를 발견했다는 소식을 전해 들었다. 케플러는 자신이 구상한 다면체 이론에 따른다면 행성이 분명 여섯 개만 존재할 것이라 믿었기 때문에, 새롭게 발견된 천체가 행성은 아닐 것이라 추정했다. 케플러는 루돌프 2세에게 전해진 갈릴레이의 『항성의 전령(Sidereus Nuncius)』을 살펴본 후, 망원경을 통해 새롭게 발견된 네 개의 천체들이 목성의 위성들임을 확인할 수 있었다. 케플러는 자신이 '코페르니쿠스 행성계를 신봉한다는 것과 갈릴레이의 발견을 높이 평가하고 있다'는 내용을 담은 편지를 갈릴레이에게 보냈다. 4개월이 지난 후에야 갈릴레이의 답장이 도착했는데, 갈릴레이는 자신의 발견과 주장에 찬동해 주는 케플러에게 감사함을 전했다. 하지만 그 둘은 자신들의 연구 성과를 교환하며 각자 직면하고 있는 난제들의 해결을 위해 빈번하게 교류할 만큼의 관계로 발전하지는 않았다.

얼마 후 케플러는 갈릴레이가 개량한 망원경을 구할 수가 있었는데, 동료 학자들과 함께 목성을 관측하고 그 주위에 위성들이 공전하고 있음을 직접 확인했다. 그리고 그는 두 개의 렌즈를 색다른 방식으로 응

용하여 상을 확대할 수 있는 법칙을 발견하고 그 내용을 정리한 『굴절
광학(Dioptrice)』을 1611년에 출판하게 된다.

원래 망원경은 안경 제조 기술자였던 네덜란드의 한스 리퍼쉐이(Hans
Lippershey)에 의해 1608년에 발명되었다. 리퍼쉐이는 볼록렌즈와 오목
렌즈를 일직선으로 맞추어서 사물을 볼 경우, 상이 확대된다는 사실을
발견하고 이 두 렌즈를 통에 끼워 망원경이라는 것을 개발하게 되었다.
갈릴레이는 그 이듬해인 1609년에 이를 개량하여 배율을 좀 더 높인
망원경을 만들었고, 그 후 케플러는 오목렌즈를 전혀 사용하지 않고 오
직 볼록렌즈 두 개만을 결합해 물체의 상하좌우가 바뀌어 도립상(倒立像)
으로 보인다는 불편함을 지니긴 했으나 좀 더 넓은 면적을 볼 수 있는
망원경으로 다시 개량했다.

한편 1611년 7월 3일, 케플러의 아내 바바라는 열병에 감염된 환자
들을 간호하는 봉사활동을 하다 전염이 되는 바람에 그만 세상을 떠나
고 말았다.

1612년 5월, 케플러는 둘 다 열 살이 채 되지도 않은 자식 둘을 데
리고 린츠로 이주했다. 그는 린츠에 도착하자마자 당장 자녀들의 양
육 문제 때문에 재혼을 서둘러야만 했다. 주위에서 여러 여자들을 추천
했는데, 결국 자신보다 스물네 살이 적고, 바바라와 결혼할 때 자신의
의붓딸이 되었던 레지나보다는 한 살이 많은 수잔나 로위팅커(Susanna
Reuttinger)를 아내로 맞이하게 되었다. 그녀는 신중하며 겸손하고 검소
한데다 성실한 성격의 소유자였다고 전해진다.

1613년 10월 30일에 케플러는 수잔나와 재혼했다. 이듬해 여름, 수
잔나는 케플러의 여동생과 의붓딸의 이름을 하나씩 갖게 된 마가레테
레지나(Margarethe Regina)를 낳았다.

1615년 12월, 고향인 뷔르템베르크에서 케플러의 어머니 카타리나가 마녀로 몰리는 사건이 발생했는데, 그 사건은 소송과 재판 문제로 케플러를 오랫동안 골치 아프게 했다. 그의 어머니는 이웃과 다툼이 잦았으며, 민간에서 돌고 있는 질병 퇴치법에 익숙해 의약품 및 향신료 등을 곧잘 만들어서 팔곤 했는데, 이게 주변 사람들과 관계가 원만하지 못할 경우에는 마녀로 몰리기 딱 좋은 조건들이었다. 다행히 케플러의 어머니는 투옥되고 혹독한 심문을 당하긴 했으나, 화형장으로 끌려가는 참변은 피할 수가 있었는데, 이는 케플러가 여러 인맥을 이용해 어머니의 구명 운동을 펼쳤기 때문이었다. 훗날 카타리나는 6년간의 지긋지긋한 재판 과정을 통해 혐의가 벗겨졌지만, 사건이 종결되고 그 이듬해 1622년 4월에 세상을 떠나고 말았다.

1617년, 케플러와 수잔나 사이에서 딸이 하나 더 태어났는데, 그 애는 자신의 할머니 이름인 카타리나를 세례명으로 받았다. 하지만 그 해 9월, 케플러와 수잔나 사이에 태어난 딸인 마가레테 레지나 그리고 케플러의 전처 바바라가 데려왔던 의붓딸 레지나가 함께 세상을 떠나고 말았다.

1618년 2월 9일, 작년에 태어났던 카타리나는 6개월 만에 세상을 떠났다. 안타깝게도 이 때까지 케플러와 수잔나 사이에 태어난 아이들은 모두 요절하고 말았다.

1619년 1월, 케플러와 수잔나 사이에 아들 세발트(Sebalt)가 태어났다. 그리고 얼마 되지 않아, 1621년 1월에 수잔나는 코르둘라(Cordula)라고 이름을 짓게 된 딸을 낳았지만, 1623년 여름에 세발트를 잃고 말았다. 이처럼 자녀들의 비극적인 사건들을 통해 끊임없이 고통을 겪는 과정에서도 케플러는 연구를 게을리 하지 않았다.

1617년, 케플러는 스코틀랜드 태생의 귀족 출신이며 독실한 프로테스탄트 계열의 수학자였던 존 네이피어(John Napier, 1550-1617)가 로그를 발견하고 그 성질을 규명해 1614년에 출판했던『경이적인 로그 법칙의 기술(*Mirifici Logarithmorum Canonis Descriptio*)』을 접한 후, 그와 관련된 연구를 하고, 그 때까지 마무리 짓지 못하고 있던『루돌프 행성표』를 1624년에 드디어 완성했다. 하지만 자금 부족과 당시 종교분쟁에 따른 사회적 혼란으로 인해 이 책은 제때 출판되지 못했다.

태양중심설과 관련된 이론들 그리고 케플러 자신이 직접 밝혀 낸 법칙들이 참고서 양식으로 정리된『코페르니쿠스 천문학 요약(*Epitome Astronomiae Copernicanae*)』이 총 일곱 권의 시리즈로 1617년에서 1621년 사이에 출간되었다. 그 책들은 케플러 연구 초창기 때의 착상(着想), 코페르니쿠스 우주론, 전통 물리학 및 그와 관련된 형이상학, 천체 운동에 관한 수학적 논증 등으로 구성된 것이었다. 이 시리즈 책들이 출판되는 사이에 행성들의 거리가 공전 주기와 관련해 특정 비율로 조화를 이루고 있음을 논증한『우주의 조화(*Harmonices Mundi*)』가 1619년에 출판되었다.『우주의 조화』는 바이올리니스트이자 작곡가인 안토니오 비발디(Antonio Vivaldi)의 작품 발상에도 영향을 주었다. 그 작품이 바로 비발디의 바이올린 협주곡 작품 3의 6번 곡(Concerto Op. 3, No. 6)이다.

케플러의『우주의 조화』를 살펴보면, 행성들의 운동으로부터 규칙성을 찾아내기 위해 음률 법칙을 적용시켜 논증하려 했음을 엿볼 수 있는데, 케플러는 악보의 여러 선상에 행성들을 조건화시켜 지정하는 방식을 통해 행성들 간의 거리 비율을 추출하려 했다. 결국 케플러는 소기의 목적을 달성했다. 이러한 기법의 역사는 피타고라스가 활약했던 시대까지 거슬러 올라간다는 것을 앞서 지적한 바가 있다.

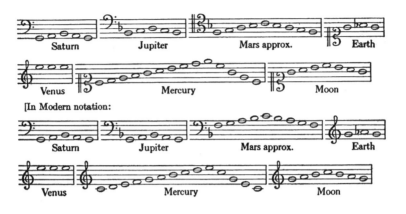

〈그림 15〉 케플러의 『우주의 조화』에 나오는 행성 음률

1626년 11월, 가톨릭과 프로테스탄트 세력 간의 30년 전쟁은 케플러로 하여금 또다시 이주할 수밖에 없도록 만들었다. 당시 신성로마제국의 황제 페르디난트 2세는 프로테스탄트 지도자들을 한 치의 주저함도 없이 무참히 처형했으며, 그 추종자들 역시 예외가 아니었다. 케플러는 가톨릭으로 개종하라는 명령을 절대 따를 수 없었기에, 떠나는 것 외에는 별다른 선택이 없었다. 짐을 꾸릴 때, 케플러의 가족은 아내 수잔나, 다섯 살이 된 딸 코르둘라, 세 살인 아들 프리드마르(Fridmar)와 태어난 지 얼마 되지 않은 아들 힐데베르트(Hildebert)로 그 수가 불어 있었다.

여러 우여곡절을 겪고, 『루돌프 행성표』는 1627년이 되어서야 비로소 울름(Ulm)에서 출판하게 되었는데, 표지의 제1저자로 티코의 이름이 새겨졌다. 이 책은 티코의 관측 자료와 케플러의 행성계 모델이 상호 결합한 훌륭한 걸작이었다. 케플러는 이 책을 루돌프 2세의 뒤를 이은 페르디난트 2세에게 헌정했다. 페르디난트 2세는 너무나 흡족한 나머지 가톨릭으로 개종하지 않은 케플러에게 연구 자금을 지원하겠다는 파격적인 약속을 해 주었다. 얼마 후 비록 약속한 만큼의 금액은 아니었지만, 케플러는 필요한 만큼의 연구비를 지원 받았다.

1628년 7월, 케플러는 가족들을 데리고 슐레지엔(Schlesien) 지역의 사간(Sagan)으로 이주했다. 두 해가 지나고 케플러와 수잔나 사이에 안나 마리아(Anna Maria)가 태어났는데, 그 애는 이들 부부의 마지막 자녀였다.

케플러가 예전에 린츠에 살고 있을 때, 그는 받아야 할 돈이 좀 있었다. 그런데 그 문제가 오랫동안 해결되지 못하고 있다가, 1630년 어느 날 관련 책임자로부터 늦어도 11월 11일까지 만나 금전 문제를 마무리 짓자는 연락을 받고서 9월경에 채비를 해 길을 떠나게 되었다. 그는 라이프치히와 뉘른베르크를 경유하여 11월 2일에 레겐스부르크(Regensburg)까지 도착했다. 그는 린츠로 가는 여정(旅程)중에 라이프치히에서 개최되는 박람회와 레겐스부르크에서 열리는 회의에도 참석할 의도였기에 그 행사들과 관련된 자료 준비를 위해 한동안 심신을 혹사시켰다. 게다가 젊지 않은 나이에 장거리 여행길을 떠나게 되었으니 몸은 한계에 다다를 수밖에 없었다. 케플러가 레겐스부르크에 머무를 때, 결국 그는 병으로 몸져눕고 말았다. 케플러는 고열에 시달리다가 정신까지 혼미해진 상태에 이르렀는데, 그 어떤 처방도 효력이 없었다. 안타깝게도 그 해 11월 15일, '천체물리학'이라는 새로운 영역을 개척했던 케플러는 파란만장한 삶을 마무리 했다. 향년 60세였다. 케플러가 세상을 떠난 지 4년 후인 1634년, 그가 1608년부터 쓰기 시작한 것으로 추정되는 작품으로서 '달 여행'이라는 당시로 봐서는 다소 생소하고 황당하기까지 한 내용을 다룬 문학계 최초의 공상과학소설인 『꿈(Somnium)』이 그의 아들에 의해 유작으로 출판되었다.

4장
갈릴레이

갈릴레이(Galileo Galilei - 갈릴레이의 고향에서는 첫째 아들이 태어날 경우, 즉 장남의 경우에는 이름을 성과 비슷하게 지어서 부르는 관습이 있었음)는 1564년 2월 15일 이탈리아 피사(Pisa)에서 빈첸초 갈릴레이(Vincenzo Galilei)와 줄리아 암마난티(Julia Ammananti) 사이에서 장남으로 태어났다. 갈릴레이의 부모는 둘 다 몰락한 귀족 가문 출신이었으며, 아버지는 당시 유행하던 악풍과는 다소 어긋나는 독특한 기법을 선호하던 음악가였다. 그 독특함은 신앙생활에도 여실히 반영되었는데, 정통 교회 음악에는 별 관심이 없었으며, 당시 교회 당국이 행하던 여러 처사들에 대해 자주 불평을 늘어놓곤 했다. 그의 어머니는 급진적인 성향에다 경제적인 활동에는 전혀 무관심한 자신의 남편이 항상 못마땅했지만, 그래도 아내로서의 의무만큼은 충실히 이행하는 여인이었다.

갈릴레이의 아버지는 장남의 학업에 무척 관심이 많았는데, 어떻게든 갈릴레이가 제대로 된 교육을 받아 집안을 일으켜 주기를 기대했다. 그러나 가정 형편이 넉넉하지 못해 갈릴레이에게 충분한 교육 환경을 제공할 수 없게 되자, 그의 아버지는 자신의 능력이 부족함을 안타까워했다.

1575년, 갈릴레이는 피렌체 인근의 산타마리아 수도원(Santa Maria Monastery)에 들어가 3년간 공부하면서 나름 신앙적 분위기에 젖어들었는데, 그의 아버지는 혹시나 갈릴레이가 성직자가 되겠다는 마음을 품지는 않을까 염려한 나머지 수도원을 갑자기 방문해 아들을 데리고 나와 버렸다. 그리고는 대학 입학을 위한 준비 과정을 이수하기 위해 피사에 있는 기숙학교(寄宿學校)로 자신의 아들을 집어넣었다. 그로부터 2년 후, 갈릴레이는 피사대학(Università di Pisa)에 입학하여 의학(醫學)을 중심으로 공부하기 시작했다.

유럽에 대학이 세워지기 시작한 것은 12세기 초부터이다. 갈릴레이가 살았던 시절엔 오랜 전통을 자랑하던 몇몇 명문 대학들이 여러 곳으로부터 학생들을 유치해 학문적 명성을 마음껏 뽐내고 있었다. 그에 비하면 당시 피사대학은 설립된 지 200년이나 흘렀지만 크게 두각을 드러내지 못하고 있었다. 더군다나 대학 행정을 비롯해 교육과정 전반에 교회의 영향력이 작용하는 바람에 비판적 사고를 가지며 자유롭게 연구할 수 있는 환경을 갖추지도 못했다. 피사대학은 다른 대학들과 마찬가지로 의학을 비롯한 다양한 교육과정들이 다뤄지고 있었으나, 우선 인문학 중심의 교육이 권장되었고, 자연철학이나 수학 같은 분야는 수준이 낮았다.

1581년 9월, 갈릴레이가 피사대학에 입학할 당시 그는 또래 학우들에 비해 훨씬 더 많은 지식을 갖춘 상태였고, 아버지의 기질을 물려받아 매사에 비판적이며 회의적인 성향을 지닌 깐깐한 청년이었다. 음악과 미술에도 조예가 깊었으며, 항상 자신감이 충만하여 주위 사람들에게 까다롭고 거만한 인물로 여겨지기 십상이었는데, 그게 주위 사람들의 오해라고만은 할 수 없었다. 당연히 갈릴레이의 대학 생활은 순탄할 수가 없었는데, 검증도 없는 아리스토텔레스 이론의 주입은 시간이 갈수록 그에게 반감만 키워 교수들과의 논쟁이 끊이질 않았다. 그러다 수학 교수인 필리포 판토니(Filippo Fantoni)를 만나면서 수학에 빠져들었는데, 그 때부터 의학 수업은 조금씩 뒷전으로 밀려나기 시작했다. 사실 천년이 넘도록 별다른 발전도 없이 맹목적으로 좇아야만 한다는 원칙만 강조하던 갈레노스 의학은 유클리드나 아르키메데스(Archimedes) 기하학에 비하면 갈릴레이에게 따분하기 이를 때 없는 것이었다.

1582년, 토스카나(Toscana)의 대공이었던 프란체스코 1세(Francesco I de' Medici)의 궁정 수학자로 일하던 오스틸리오 리치(Ostillio Ricci)가 한동안 피사에 들러 강의를 한 적이 있었는데, 갈릴레이는 그의 명성을 듣고 찾아가 서로의 생각을 나누었다. 갈릴레이의 재능을 금세 알아차린 리치는 갈릴레이에게 도움을 주겠다고 제안했으며, 갈릴레이는 더 이상 의학 공부에 얽매이지 않겠다는 결심을 하게 된다. 결국 리치와 빈첸초는 갈릴레이의 장래를 상의하기 위해 만났으며, 빈첸초는 리치의 설득에 넘어가고 말았다. 상황 판단이 빨랐던 갈릴레이는 그의 부모에게 '의학 공부와 병행하여 수학을 공부하겠다'는 어차피 지키지도 않을 약속을 했다. 수학 공부를 시작하던 시기에 특히 아르키메데스를 높이 평가했던 갈릴레이는 아리스토텔레스 이론은 모두 무의미한 것이라고 결론 내렸다. 갈릴레이가 다른 수학자들에 비해 아르키메데스를 유난히 더 좋아했던 것은 그가 실용적인 수학을 했으며 여러 발명품들을 개발했다는 점이 가장 큰 이유였다. 청년 갈릴레이는 '진정한 과학이란 실험과 결과를 통해 어떤 식으로든 모종(某種)의 작품을 산출해야만 한다'는 신념을 품고 있었다.

1584년이 저물 즈음, 경제적으로 더욱 어려워진 빈첸초는 아들의 학비를 더 이상 댈 수 없을 정도가 되었는데, 어떻게든 아들의 학업을 이어가도록 하기 위해 장학금을 신청했으나, 갈릴레이를 두고 교만하기 이를 데가 없다고 여겼던 대학 당국은 협조하고 싶은 의도가 전혀 없었다. 결국 갈릴레이는 졸업도 하지 못한 채, 이듬해 봄부터 가정교사를 하면서 이곳저곳을 분주하게 다녀야만 했다. 그런 와중에서도 그의 머릿속에는 과학적 발상이 그칠 줄 몰랐는데, 1586년에 천칭에 관한 실험을 통해 신형(新型) 저울을 개발하고 그와 관련된 내용을 정리해 논문을 작성하기도 했다.

1587년, 볼로냐대학에 수학 교수 자리가 생겼다는 소식을 듣고, 갈릴레이는 나름 준비를 하고 지원했으나, 학위도 없고 그렇다고 평판도 좋지도 않았던 그에게 쉽게 주어질 자리는 결코 아니었다. 이 과정에서 빈첸초는 아들의 성공을 위해 자신과 연줄이 닿아 있던 메디치 가문(Medici family)의 인맥을 끌어들이는 노력까지도 해 보았으나 모두 허사였다. 갈릴레이를 가르쳤던 리치도 나름 로비를 하며 애를 썼지만, 명문 볼로냐대학에서 그런 신출내기를 쉽게 받아 줄 리 만무했다. 갈릴레이는 그 사건을 통해 인맥의 중요성을 절실히 깨닫게 되었다.

갈릴레이는 1587년부터 이듬해까지 네 곳의 대학에 일자리를 더 알아보았으나, 인간관계가 얼마나 중요한 것인지 더욱 깨닫게 되는 교훈만 추가되었을 뿐이다. 하는 수 없이 집으로 돌아와 아버지의 일을 돕던 그에게 어느 날 피렌체 아카데미아로부터 단테(Dante Alighieri, 1265 – 1321)의 『신곡(神曲, La Divina Commedia)』 중 「지옥편(地獄篇)」에서 지옥의 크기가 얼마나 되는지 자연철학적 해석으로 강연해 달라는 의뢰장이 도착했다. 꼼꼼한 준비와 자신감으로 무장한 갈릴레이는 많은 청중들 앞에서 지금의 기준으로 따져보면 논리에 맞지 않는 원칙들이긴 하지만, 당시로는 지극히 논리적으로 보였던 원칙들을 제시하며 지옥의 크기를 계산하는 과정을 거침없이 열강하면서 강연장을 감동의 도가니로 만들어 버렸다. 이것이 계기가 되어 많은 사람들로부터 열렬한 찬사와 재능을 인정받게 된 갈릴레이는 그로부터 9개월 후, 피사대학교의 수학 교수직을 맡게 된다.

1589년, 떠나올 때 그리 좋은 기억을 만들지 못했던 모교에서 3년이라는 계약 조건 통해 수학 강의를 맡게 된 갈릴레이에게 지급되는 봉급이 결코 만족할 만큼의 수준은 아니었다고 할지라도, 그는 경제적으로 몹시 궁핍했던 상황이었기에 전혀 주저할 이유가 없었다. 학위도 없고 경력도 전혀 없던 그의 처지를 따져 보면 오히려 고마울 따름이었다.

예전에 갈릴레이가 재학할 당시에도 피사대학의 수학 과목은 인기가 없었는데, 별로 달라진 것이 없는 학풍 속에서 그럭저럭 강의를 하던 그는 동료 교수들과 논쟁하는 것 말고는 딱히 기억할 만한 일들을 만들지 못하면서 시간을 보냈다.

1590년, 갈릴레이는 피사의 사탑에서 자유 낙하 실험을 통해 아리스토텔레스 이론에 입각한 물체의 운동은 모두 잘못된 것임을 입증했으나, 그에게 찾아온 것은 억지라는 비판뿐이었다. 그는 자유 낙하 운동의 결과를 정리해 「운동에 관하여(De Motu)」라는 논문을 썼으나, 군데군데 앞뒤가 잘 맞지 않는 부분들이 있었기에 인쇄물로 출간하지는 않기로 마음먹었다. 하지만 갈릴레이는 그 자료들을 언젠가 자신의 다른 논문에 반드시 활용할 심산이었다. 훗날 1638년에 자신이 집필한 『새로운 두 과학에 대한 논의와 수학적 논증』안에 그 내용들이 등장한다.

갈릴레이가 동료 교수들과 대학 당국으로부터 많은 따돌림을 받았으나, 그렇다고 그들이 갈릴레이에게 딱히 어떤 제재를 가할 수는 없었는데, 결국 예기치 못한 사건이 발단이 되어 갈릴레이는 교수직 재계약에 실패하고 만다.

토스카나의 대공 프란체스코 1세의 급사(急死)로 인해 동생이었던 페르디난도 1세(Ferdinando I de' Medici)가 1587년에 군주자리를 물려받게 되었는데, 그는 1592년에 이복동생인 지오바니 데 메디치(Giovanni de' Medici)가 개발한 기계 장치를 적극 활용해 피사 인근의 리보르노 지역의 토목 사업을 조속히 진행하도록 지시를 내렸다. 갈릴레이는 그 기계 장치가 무용지물일 것이라고 주장했고, 그게 사실로 입증되었지만, 메디치가의 후원을 받고 있던 대학 당국은 1592년 가을이 되자 무례하기 이를 데 없는 골칫덩어리를 더 이상 강단에 세우지 않기로 결정했다. 갈릴레이 역시 피사대학에서는 더 나아질 것이 없다고 판단한지 꽤 되었던지라, 피사대학을 그만 두기 일 년 전쯤에 파도바대학교의 수학 교수직이 공석임을 알고서는 나름 이직 준비를 조금씩 하고 있었다. 이번에는 갈릴레이 자신이 구사할 수 있는 모든 인맥을 동원해 로비를 펼쳤는데, 파도바대학은 자유로운 학풍을 지녔던 곳인데다 전직 수학 교수가 반(反)아리스토텔레스주의자였기에, 대학 당국이 전직 교수의 연구 성향을 이을 수 있는 인재를 찾고 있었다는 점이 갈릴레이에게 상당히 유리하게 작용했다.

1592년 6월에 교수직 임명을 위한 투표가 베네치아 상원에서 이루어졌고, 압도적인 표 차이로 다른 경쟁자들을 물리치고 갈릴레이가 선출되었다. 베네치아에서 이런 절차를 밟게 된 이유는 당시 파도바가 베네치아의 지배권에 속한 도시였기 때문이었다. 파도바대학은 당시 유럽의 대학들 중에서도 최고 수준의 명문대학이었는데, 특히 의학 분야는 따라올 학교가 없을 정도였다. 파도바대학은 '의학의 선구자'라로 칭송되던 벨기에 태생의 안드레아스 베살리우스(Andreas Vesalius, 1514-1564)가 그 곳에서 의학 공부를 한 후, 교수가 되어 해부학 및 외과 과목의 강의를 맡으며 후진을 양성했던 곳인데, 베살리우스를 통해 고전 갈레노스 의학의 모순들이 상세하게 밝혀진 후, 새로운 학풍이 일어나 여러 학문들을 다양하게 염색시키고 있었다.

갈릴레이는 파도바대학이 자신에게 딱 맞는 곳이라 여겼다. 베네치아의 지도층은 예로부터 종교재판을 비롯한 교황청의 여러 압박과 구속에 때로는 저항으로 때로는 타협으로 맞서면서 자유로운 기질을 잃지 않으려고 했다.

1592년 12월 7일, 갈릴레이는 취임 강연을 시작으로 파도바대학이라는 새로운 환경 속으로 들어갔다. 한동안 갈릴레이는 실용적인 기구들을 제작해서 판매하기도 하고, 사교계 인사들과 어울리면서 더할 나위 없이 행복한 나날을 보냈다.

1599년, 갈릴레이에게 사랑하는 여인이 생겼는데, 그녀는 베네치아에서 매춘부로 삶을 살아가던 스물한 살의 마리나 감바(Marina Gamba)였다. 그녀는 얼마 되지 않아 갈릴레이의 아이를 임신했고, 이듬해 1600년 8월에 딸 비르지니아(Virginia)를 낳았다. 갈릴레이는 비르지니아의 세례식 때, 부모의 이름을 기록하는 문서에 자신의 이름을 적지 않도록 했다고 한다. 그로부터 일 년 후, 둘째딸 리비아(Livia)가 태어났을 때도 마찬가지였다.

그런 행동은 1606년 셋째로 태어난 아들(할아버지의 이름을 물려받은) 빈첸초의 세례식에서도 변함없이 이어졌다. 갈릴레이는 마리나와 공식적으로 결혼할 의도가 전혀 없었고, 그런 결혼은 주위 사람들에게 빈축만 살 뿐이라고 여겼다.

갈릴레이는 마리나에게 기거할 집과 생활비를 제공하며 그녀와 사실혼 관계를 유지하면서 십 년 이상을 그런 식으로 살았다. 훗날 1610년에 파도바대학을 사직하고 피렌체로 가면서 그 둘의 관계는 정리가 되었는데, 어린 빈첸초는 마리나가 한동안 맡기로 하고 두 딸은 갈릴레이가 데려가기로 했다. 하지만 갈릴레이가 피렌체에 도착하고 얼마 되지 않아, 두 딸은 자신들의 의사와 상관없이 아버지의 손에 이끌려 피렌체 인근의 프란체스코회 산마테오 수녀원으로 들어가는 신세가 되고 말았다. 상당히 보수적이었던 그 수녀원은 어린 두 딸들에겐 무척 힘든 환경이었을 것이다.

마리나는 갈릴레이와 헤어지고 얼마 후 어떤 사업가를 만나 재혼했는데, 갈릴레이는 그 결혼을 축하하며 크지는 않지만 나름 경제적으로 도움을 주기도 했다. 그리고 자신의 인맥을 동원해 마리나의 새로운 남편이 하고 있던 사업에도 여러 편의를 제공했다.

갈릴레이가 파도바대학에 새로운 둥지를 튼 후, 시간이 조금씩 흐름에 따라 점차 학문의 폭이 넓어지기 시작했다. 그는 비로소 정통 역학과 천문학으로 관심을 돌리게 되는데, 예전에 케플러의 연구 성과에 관해 들었던 바가 있던 갈릴레이는 코페르니쿠스 이론을 집중적으로 탐색하기 시작했다. 반(反)아리스토텔레스 성향이 무척 강했던 그는 프톨레마이오스와 아리스토텔레스의 합작품에 모순이 많다는 것을 발견했다. 특히 신학이 아리스토텔레스 원칙에 입각해 해석되고 있다는 점은 오래 전부터 그의 눈에 거슬렸는데, 유클리드와 아르키메데스를 숭상하고 있던 갈릴레이는 오직 수학적 해석에 입각한 논증들만이 자연현상을 올바르게 표현할 수 있다고 믿었다.

1604년 9월, 하늘에 신성(新星)이 또 하나 나타났는데, 그와 관련된 것들을 몇 가지 정리해 1604년 12월과 이듬해 1월 동안 세 차례의 강연을 통해 발표함으로써 자신의 명성을 다시 한 번 드높이는 기회를 만들었다. 하지만 당시 갈릴레이는 신성과 관련된 확실한 논증들을 제시하지는 못했다고 전해지는데, 어쨌든 달변가로서의 재능을 발휘해 자신을 후원하고 있던 사람들에게 그들의 선택이 잘못된 것이 아님을 보여주는 효과를 얻기에는 충분했다.

1608년 10월, 네덜란드에서 안경을 제작하던 기술공 한스 리퍼셰이(Hans Lippershey)가 망원경을 개발하여 특허를 신청하게 되는데, 사업가적 기질이 남달랐던 그는 여러 제후들에게 헌사하며 망원경 제작과 판매를 본격적인 사업으로 발전시키려 했다. 처음에는 사냥용이나 항해용으로 인기를 끌기 시작했으나, 곧 군사용으로도 탁월한 효과를 발휘할 수 있음이 알려지면서 구하고자 하는 이들이 많아졌다. 드디어 1609년 8월, 리퍼셰이가 베네치아로 와서 여러 실세들에게 망원경을 소개하려 했으나, 예정된 그 모임을 갈릴레이가 자신의 측근들을 동원해 무산시키고, 앞서 입수한 망원경의 원리를 분석해 자신이 좀 더 향상된 배율과 해상도를 가진 망원경을 제작해 많은 이들을 불러 모아 시연(試演)을 통해 공개했다. 베네치아의 여러 고관들과 실세들은 다시 한번 갈릴레이에게 찬사를 보냈는데, 머지않아 그들은 갈릴레이의 비(非)양심적 행위를 알아차렸지만 굳이 문제 삼지 않았다. 단 며칠간의 작업을 통해 그런 것들을 해낼 수 있었던 갈릴레이의 기민함에 감탄을 금할 수가 없는 사건이라 할 수 있다.

갈릴레이는 자신이 개량한 망원경으로 달 표면을 관찰한 후, 달은 표면이 매우 거칠고 움푹 파인 구덩이들이 많이 있다는 것을 발견했다. 이것은 당시 아무도 예상치 못했던 것이었다. 곧이어 그는 배율이 약 30배나 되는 성능이 매우 향상된 망원경을 제작하기에 이른다.

1610년 1월, 갈릴레이는 망원경을 통해 목성의 위성을 발견하게 된다. 그리고 3월에 이르러 관측 자료들을 정리해 『항성의 전령(*Sidereus Nuncius*)』을 출판한다. 이것은 성서에 기록된 교리를 위배하는 내용들을 담고 있었기에 끊임없는 논쟁을 불러 일으켰다. 명성이 높아질수록 갈릴레이는 점차 강의를 하는 것에 싫증이 나기 시작했다. 이제는 자기가 하고 싶은 연구만 하면서 살고 싶었다. 그리고 이따금 연구 결과를 발표하여 자신이 당대 최고의 수학자 겸 철학자라는 명성을 이어갈 수 있기만을 바랐다. 그는 피렌체의 메디치 가문에 여러 번 자신의 이런 의도를 전하며 후원을 요청했고, 결국 토스카나의 대공이었던 코시모 데 메디치 2세(Cosimo de' Medici II)는 갈릴레이의 제안을 받아들이기로 했다. 곧장 갈릴레이는 파도바대학 당국에 사직서를 제출했다. 그리고 1610년 9월, 갈릴레이는 두 딸과 함께 피렌체로 이주했다.

1611년 겨울이 되자, 갈릴레이는 망원경으로 금성을 관측하기 시작했는데, 금성의 모습이 시시각각 달라지는 것을 발견했다. 금성도 달처럼 위상(位相)이 바뀌고 있었는데, 그 위상의 모습들은 프톨레마이오스 행성계에서는 도저히 나올 수 없는 것들이 섞여 있었다.

어느 날 갈릴레이는 태양 표면에 얼룩이 있음을 발견하고, 망원경의 접안렌즈 끝에서 뒤쪽으로 조금 떨어진 곳에 하얀 종이를 갖다 대어 그 종이 위에 투영된 태양의 상을 관찰하는 방법인 태양투영법을 통해 태양 표면에서 일어나는 현상들을 관찰했다. 그 얼룩이 바로 태양의 흑점이다(케플러 역시 1607년에 태양 표면에서 검은 점을 발견했으나, 그는 그것을 태양 표면을 통과하고 있는 수성으로 간주해 버리는 실수를 범했다). 그런데 관측 결과, 그 흑점은 태양 표면에서 숫자가 달라지기도 하고 이동하기도 했다. 갈릴레이는 자신의 관측 결과를 정리해 1613년 3월에 『태양 흑점의 속성 및 역사와 증거에 관하여(Istoria e dimostrazioni intorno alle macchie solari)』(간략히 『태양의 흑점에 관한 편지들(Letters on Sunspots)』이라는 별칭으로 불리기도 한다)라는 책을 펴냈다. 이것은 천상계가 무변순수(無變純粹)의 존재가 아님을 천명하는 것이었다. 물론 여러 곳에서 비난이 쏟아졌으며, 일부 성직자들은 분통을 터트리며 가만있지 않을 기세였다. 그러나 갈릴레이는 자신이 활동하고 있던 린체이학회(Accademia dei Lincei) 회원들의 방어막에 힘입어 '모든 변화는 달의 회전구 아래에서만 발생한다'고 주장하던 아리스토텔레스 이론의 허망(虛妄)함을 다시 한 번 입증하는 쾌거(快擧)를 이루었다.

그런데 얼마 후, 갈릴레이는 '태양 흑점의 최초 발견자는 누구인가?'라는 논쟁에 말려들게 되었다. 왜냐하면 갈릴레이는 『태양 흑점의 속성 및 역사와 증거에 관하여』를 발표하기 한 해 전인 1612년에 독일 출신의 예수회 소속 신부였던 크리스토프 샤이너(Christoph Scheiner)로부터 그가 1611년에 발견한 것이라고 주장하는 태양 흑점에 관한 상세한 설명이 담긴 편지를 전해 받은 후, 그 편지 내용에 대한 갈릴레이 자신의 견해를 담은 답장을 써 보낸 적이 있었기 때문이었다. 그 당시 샤이너는 본명이 아닌 필명(筆名)으로 쓴 편지를 예수회 학자들을 후원하고 있던 마르쿠스 벨저(Marcus Welser)에게 전했고, 그 편지는 벨저에 의해 친분이 있던 갈릴레이에게로 다시 전달되었다. 갈릴레이의 답장 역시 벨저를 통해 샤이너에게 전해졌는데, 그들은 서로의 견해가 일부 다르긴 했으나, 태양 흑점과 관련해 정보를 주고받았던 것만큼은 사실이었다.

갈릴레이가 태양 흑점과 관련된 책을 출판했다는 소식을 접한 샤이너는 자신의 연구 결과가 도용(盜用) 당했다며 갈릴레이를 맹렬히 비난했다. 그러나 실제 갈릴레이는 샤이너가 보낸 편지를 받기 전인 1610년에 이미 태양 흑점을 관찰하고 논증에 필요한 자료를 충분히 확보한 상태였다. 하지만 샤이너는 갈릴레이의 그런 해명을 끝까지 믿지 않았다. 당시 이 사건으로 말미암아 갈릴레이는 예수회와 회복할 수 없는 적대 관계에 놓이고 말았는데, 이것은 미래에 찾아올 악몽의 씨앗이었다. 도저히 가슴 속 응어리를 풀 수 없었던 샤이너는 몇 년 후, 앙심을 품고 갈릴레이의 연구들은 이단의 혐의가 있다는 내용으로 교황청에 고발까지 하기에 이르렀으며, 갈릴레이의 종교재판 과정에도 빠짐없이 개입해 보복 행위를 끝까지 멈추질 않았다.

1611년 3월에 다비트 파브리치우스(David Fabricius)와 그의 아들 요하네스(Johannes)가 태양의 흑점을 관찰한 후, 그 결과를 정리하여 소책자 형태로 엮은 『태양에서 관측된 흑점들과 그들의 뚜렷한 회전에 관한 해설(Maculis in Sole Observatis, et Apparente earum cum Sole Conversione Narratio)』이 그 해 비텐베르크에서 출간되었다. 이 책은 흑점의 이동뿐만 아니라, 태양이 회전축을 가진 채 자전한다는 내용까지 담고 있었다. 하지만 그들에겐 자신들의 연구를 후원하며 그 성과를 널리 소개해 줄 만한 학문적 연대가 없었던 관계로 갈릴레이와 샤이너가 벌였던 '흑점의 최초 발견자'와 관련된 논쟁에 동참할 수가 없었다. 하지만 케플러는 당시 파브리치우스 부자(父子)가 저술한 소책자를 알고 있었다고 전해진다.

한편 도미니코회에 소속된 톰마소 카치니(Tommaso Caccini)라는 젊은 수도사가 있었는데, 그는 1614년 12월에 피렌체의 산타마리아 노벨라

성당(Chiesa di Santa Maria Novella)에서 갈릴레이를 맹렬히 비판하는 설교를 통해 종교적 이단과 관련된 문제를 제기했다. 이후 논쟁은 이어졌고, 급기야 1615년 3월, 그는 교황청 종교재판관들을 면담하고 갈릴레이를 처단해야 함을 주장했다. 하지만 곧장 카치니의 의도대로 상황이 전개되지는 않았다. 그러나 갈릴레이는 1600년에 브루노를 이단으로 지목하고 로마의 캄포 디 피오리(Campo de' Fiori) 광장에서 그를 화형(火刑)시키는 작업을 주관했던(당시 형집행자들은 브루노의 턱을 쇠로 만든 재갈로 채운 다음, 날카로운 쇠꼬챙이로 혀를 꿰뚫은 후에 또 다른 꼬챙이로는 입천장을 관통시켰다고 전해진다), 그리고 훗날 1627년에 가경자(可敬者)로 다시 1930년에 성인(聖人)으로 추서되는 로베르토 벨라르미노(Roberto Bellarmino, 1542-1621. 벨라르미노는 당시 가톨릭 적대 세력들에게는 공포의 대상이었으나, 가톨릭 학계에서 신학 발전에 공헌한 바는 지대하다) 추기경의 기습에 그만 무릎을 꿇는 사건이 발생하고 만다.

카치니와의 논쟁이 자꾸 난처한 상황을 야기하자 갈릴레이는 자신과 관련된 혹평들에 대한 해명과 자신의 연구 결과를 확실히 홍보하겠다는 의도로 직접 로마로 들어갔다. (갈릴레이는 로마로 들어올 때까지 자신에게 닥칠 위기를 전혀 예상하지 못했는데) 만약 태양중심설과 관련된 여러 주제들을 단지 가설로만 여기면서 연구하고 발표한다면, 충분히 관용을 베풀 용의가 있었던 벨라르미노 추기경은 점차 갈릴레이에게 의혹을 품기 시작하면서 카치니의 주장에 귀를 기울이고 있던 상황이었다. 결국 벨라르미노 추기경은 교황 바오로 5세(Pope Paul V)에게 갈릴레이의 행적에 대해 단호한 조치를 취할 필요가 있다고 보고했는데, 그것은 곧장 실행에 옮겨졌다. 교황과 벨라르미노의 협의 사항은 교황의 공식 서명이 새겨진 문서로 발부되었다. 벨라르미노는 교황을 만나기 전에 미리 위원회를 구성해 자신의 의견에 힘을 실어 놓은 상태였기에, 갈릴레이를 어떤 식으로든 처단할 수 있는 환경을 완전하게 마련해 놓았다.

1616년 2월 26일, 벨라르미노는 갈릴레이를 자신의 집으로 불러 종교재판소에서 파견된 인사들과 함께 갈릴레이에게 지난 행적에 대한 과오를 인정하고 이후로는 코페르니쿠스 이론과 관련된 그 어떤 것일지라도 가설 이상의 의미가 부여된 글을 쓴다거나 가르치지 않겠다는 맹세를 강요했다. 이것은 궐석재판(闕席裁判)의 결과를 일방적으로 통보하는 형식이었다. 지금껏 학문적 자존심을 굳건히 지켜 왔던 갈릴레이일지라도 벨라르미노를 위시한 종교재판관들로부터 포위된 상황에서 협박과 회유가 이어지자, 그는 여태껏 한 번도 경험해 보지 못한 두려움에 어찌할 바를 몰랐다. 더군다나 지금 자신에게 공갈협박(恐喝脅迫)을 하고 있는 자가 다름 아닌 브루노를 이단으로 몰아 불태워 죽인 바 있는 벨라르미노였기 때문에, 자신도 브루노와 같은 신세가 될 수 있음을 금세 알아차렸다. 갈릴레이가 맹세를 통해 무릎을 꿇자, 벨라르미노는 당장 호의적인 태도로 바뀌었다.

갈릴레이의 행적에 대한 처단과 더불어 코페르니쿠스의 『천구의 회전에 관하여』에 대한 제재도 함께 다뤄지기 시작하였다. 교황도 갈릴레이에 관한 처리를 보고 받은 후, 갈릴레이에게 보다 친근한 모습으로 대하기 시작했는데, 갈릴레이는 분통이 터지는 것을 속으로 삭혀야만 했다.

1616년 3월 26일, 벨라르미노는 갈릴레이의 행적에 대한 처리를 공식적인 발표문을 통해 만천하에 알렸다. 일부 학자들은 이 사건을 두고 진정한 종교재판은 아니었다고 주장하기도 하는데, 당시 이단으로 몰려 처형되었던 많은 인물들 중에 갈릴레이가 겪었던 절차조차도 밟지 않고 형장의 이슬로 사라진 경우는 헤아릴 수 없이 많았다. 그나마 갈릴레이는 교황의 공식적인 서명이 담긴 명령서와 종교재판관들의 입회 하에 심문이 이루어진 경우라고 할 수 있다.

이 과정을 다시 정리하면, 사전에 갈릴레이와 관련해 종교재판소에 서 위원회가 구성되었고(이 때 이미 갈릴레이의 행적은 심각한 문제를 야기할 수 있는 범 죄로 간주되어 약식 기소가 돼 버린 상태라고 할 수 있다), 교황의 승인이 났으며, 종교 재판관들이 배석한 자리에서 갈릴레이는 기소 내용과 관련된 최종 결 과를 통보 받게 된 사건이라고 하겠다. 이에 갈릴레이는 관용을 베풀어 주기를 바라며 재발 방지를 맹세했고, 그에 따라 사면을 받게 되는 절 차를 취하게 된 것이었다. 이것은 약식 종교재판의 구색을 제대로 갖춘 것이라고 할 수 있는데, 그나마 당시 갈릴레이의 인지도와 그의 인맥 등 나름 튼튼한 배경이 이런 신사적 절차를 밟을 수 있도록 해 준 것이 라고도 할 수 있다.

게다가 그 당시 분위기는 갈릴레이가 교황령에 따라 벨라르미노와 종교재판관들에 의해 집행된 자신의 행적과 관련한 책문(責問)에 대해 절차상의 하자를 제기하면서 항의하고 맞설 수 있는 것이 아니었다. 만 약 그런 식으로 반항했다면, 영락없이 브루노와 같은 신세가 되었을 것 임을 갈릴레이는 충분히 인지했을 것이다. 그는 교회 당국의 일부 세 력이 자신을 이단으로 몰아세우면서 어떻게든 처벌하고 제재를 가하기 위해 오래 전부터 공식적인 절차를 밟아 왔다는 사실을 알게 되자 큰 충격을 받았다.

이 사건은 당시 생사여탈권을 언제든지 행사할 수 있었던 교황의 승 인을 받은 교황령의 집행이었기에, 엄연히 이단에 대한 심판이었고, 또 그에 대한 판결이었다. 당시 교황의 권한은 '종교재판'이라는 형식을 빌 릴 필요도 없이 즉각 이단자를 처형할 수도 있는 무소불위의 막강한 것이었으며, 이러한 교황령의 집행은 절차상으로든 효력상으로든 종교재판의 권위와 다를 바가 없었다. 결국 효력을 지닌 제재들이 명령의 형태로 갈릴레이에게 직접 전달되었고, 갈릴레이 처리 결과에 대한 내용들은 문서로 작성되었다. 이것은 갈릴레이의 행적에 대한 확실한 심판이었다고 할 수밖에 없다. 갈릴레이는 로마로 들어갈 때 자신이 기대했던 것과는 정반대의 상황을 만들어 놓고, 그 해 6월에 피렌체로 다시 돌아왔다.

1623년, 갈릴레이는 황금의 양을 측정하는 기구를 뜻하는『황금계량기(Saggiatore)』라는 은유적(자신의 적대 세력들이 지닌 지적 수준은 너무나 하찮고 가벼워서 황금계량기와 같이 아주 적은 양의 금을 측정할 때나 사용되는 도구로도 쉽게 잴 수 있을 만큼에 불과하다는 의미를 지닌) 제목의 책을 통해 '원자(原子) 이론'을 도입해 가톨릭교회 성찬식의 영험함, 즉 성령(聖靈)의 기적에 대해 의혹을 제기하며 그 존재를 부정하는 이론을 발표했다. 이 책이 소개되자 예수회 신학자들을 비롯해 여러 분야의 학자들이 각종 비난을 쏟아내며 교황청에 진정서를 제출했으나, 다른 중대사들로 인해 관심이 다른 곳으로 쏠렸던 교황청의 미온적인 대처로 말미암아 당장 갈릴레이의 신상에 큰 타격을 입힐 만한 불상사는 발생하지 않았다. 이런 행운은 당시 교황청의 출판물 검열관으로 있던 니콜로 리카르디(Niccolo Riccardi)가 린체이학회와 나름 교류가 있었기 때문에 가능한 것이었다. 하지만 이 소동(騷動)은 향후 갈릴레이에게 불어 닥칠 비극의 도화선이 되고 말았다.

1632년 2월, 갈릴레이는 모국어인 이탈리아어로『두 가지 주요한 우주 체계에 관한 대화(Dialogo dei due massimi sistemi del mondo)』를 완성하게 되는데, 얼마 되지 않아 이 책은 교황청에 전달된다.

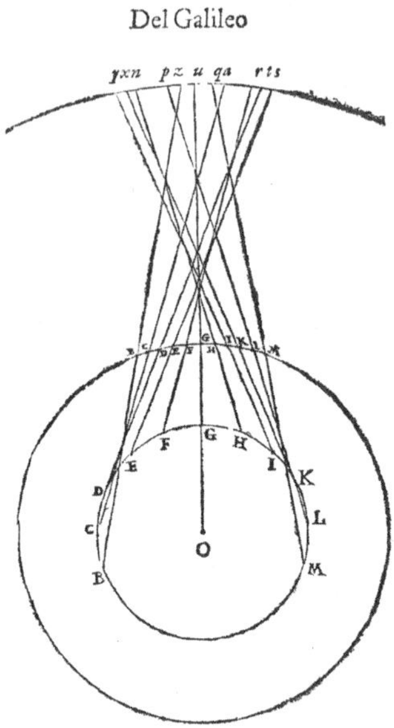

〈그림 16〉 『두 가지 주요한 우주 체계에 관한 대화』에 수록된 행성의 역행 그림

　당시 갈릴레이와 친분이 있던 교황 우르바노 8세(Pope Urban VIII)는 그 책이 어떤 메시지를 담고 있는 것인지 깊은 관심을 둘 만큼 주변 사정이 여유롭지 못했다. 그는 1623년에 교황으로 즉위하면서부터 종교 지도자로서의 역할뿐만 아니라, 가톨릭 국가들의 수장이자 군 통수권자로서의 권한까지 행사하며 줄곧 자신의 권력을 강화시키는 작업들에만 몰두하고 있었다. 하지만 당시 갈릴레이의 적들은 여러 곳에 산재해 있었고, 그들은 성서에 반하는 내용을 담고 있는 불경스러운 대화체(對話體)의 그 책을 교황청에 고발하고 끊임없이 문제를 제기했다.

　결국 특별조사위원회가 발족되고 갈릴레이와 관련된 심층 조사가 이루어지게 되었다. 갈릴레이가 1616년 당시 자신에게 내려졌던 교황 바오로 5세(Pope Paul V)의 칙령을 명백히 위반하고 있다는 내용의 보고서가 곧장 만들어지고, 1623년에 출판된 『황금계량기』의 반(反)신앙적 요소들이 다시 언급되는 상황이 발생하고 말았다. 이에 교황 우르바노 8세는 당장 종교재판소를 통해 면밀히 심의할 것을 지시했고, 그 후속 작업을 통해 피렌체에 머물고 있던 갈릴레이는 로마 교황청으로 출두하라는 소환 명령을 받게 된다. 갈릴레이는 여러 개인 사정을 핑계 삼아 소환 명령을 따르지 않고 있다가 엄중한 경고 통첩을 받게 되자 하는 수없이 이듬해 초에 로마로 들어가게 된다. 몇 개월 동안 지인이 마련한 숙소에 머물며 하염없이 시간을 보내던 중 어느 날 갑자기 청문회 형식의 재판이 연속 네 차례 이어졌다.

1633년 6월 22일, 갈릴레이는 미네르바(Minerva) 수도원 재판정에서 여러 참관자들이 바라보는 앞에 자신의 과거 연구들은 모두 잘못된 것임을 시인하는 진술서를 낭독함으로써 지겹고 힘들었던 재판에서 비로소 벗어날 수 있었다. 그는 심신이 지친 상태에서 피렌체로 돌아왔다. 그는 1616년 때와는 달리 이번에는 '자택연금'이라는 조건을 달고 왔는데, 이런 불상사에 연이어 자신에게 백여 통이 넘는 편지를 쓰며 줄곧 자신의 처지를 위로해 주던 딸 비르지니아가 서른세 살의 나이로 요절하는 고통마저 겪게 된다. 이러한 일련의 사건들로 인해 그는 헤아릴 수 없는 슬픔을 맞이했지만, 연구와 저술 작업은 변함없이 지속되었다.

1638년, 갈릴레이는 『새로운 두 과학에 대한 논의와 수학적 논증 (Discorsi e Dimostrazioni Matematiche, intorno a due nuove scienze)』이라는 '물질의 고유한 속성과 물체의 운동'에 관한 내용들을 다룬 책을 펴냈는데, 이 책이 반(反)기독교적 내용을 담고 있지는 않으나, 이제 더 이상 어떤 식으로든 신상에 위해가 될 만한 논쟁만큼은 피하겠다는 의도에서 이탈리아가 아닌 네덜란드에서 출판 작업이 진행되도록 하였다.

어느 날 갈릴레이는 오른쪽 눈에 안질(眼疾)이 생겼는데, 제때 치료를 못해 왼쪽 눈까지 감염이 되어, 결국 몇 개월 만에 두 눈을 모두 실명해 버리는 사태가 발생했다. 비참한 상황이 연속되는 가운데 갈릴레이의 곁을 지키던 조수가 두 명 있었다. 한 명은 갈릴레이 사후 그의 전기를 집필한 빈첸치오 비비아니(Vincenzio Viviani)였고, 또 한 명은 나중에 수은 기압계(水銀氣壓計)를 발명한 에반젤리스타 토리첼리(Evangelista Torricelli)였다. 그 둘은 잘 보지도 못하고 쇠약할 대로 쇠약해진 갈릴레이의 힘겨운 목소리로 구술되는 내용을 받아 적으며 스승의 사고실험(思考實驗)을 정리하는 손발이 되었다.

1642년 1월 8일, 갈릴레이는 만성 관절염과 탈장(脫腸)으로 고생하다 결국 신장(腎臟)마저도 회복할 수 없는 중병이 생기는 바람에 투쟁의 연속이었던 고달픈 삶을 마무리했다. 향년 79세였다. 그의 천문학적 발견은 태양중심설 행성계의 결정적 증거들이었고, 치밀한 사고실험은 아리스토텔레스를 물리학에서 퇴출시켰다. 그는 근대 물리학의 시조로서 형이상학적 방식이 아닌 뚜렷한 실험과 증명을 통한 것들만이 물리학의 범주에 들어갈 수 있음을 보여 준 진정한 선구자였다.

제3부

———

천문학사를
이해하는 데
꼭 필요한
물음들

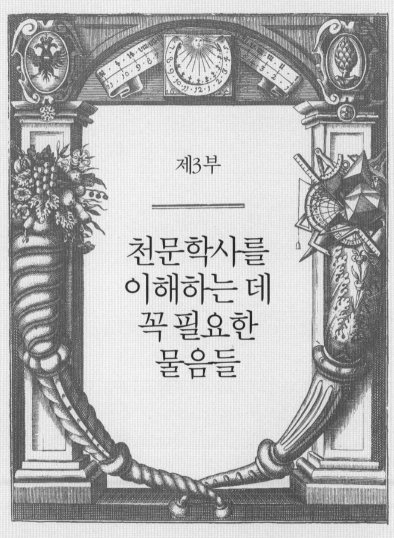

1장
천문학은 언제부터
시작되었는가?

　인류는 언제부터라고 정확히 말할 수 없을 만큼 오래 전부터 주술적 목적으로 하늘을 관측하기 시작했다. 그 후 농경시대가 열리자 달력 제작, 제례 의식, 전략 수립 등 여러 실용적인 목적을 위해 천체들의 운동에서 정합성과 규칙성을 추출하려는 시도를 하게 되었다. 이런 작업은 그리스, 이집트, 바빌로니아, 인도, 중국 등지에서 각기 다른 시기, 다른 목적으로부터 시작되었으나, 왕국이 건설되면서 천문을 담당하는 부서가 생기는 것을 계기로 점차 체계화되었다. 하지만 천문학이 형이상학적(경험에 의해 증명할 수 있는 성질이 아닌 것들을 다루는) 성격에서 완전히 탈피하게 된 것은 그리 오래 되지 않았다.

　고대 바빌로니아의 학자들은 실용적인 목적 아래 관측의 중요성을 강조하여 천체들의 운동과 관련된 관측치의 충분한 확보와 그 해석의 정확성을 높이는 것에 연구의 주된 초점을 두었던 반면, 동시대 그리스의 학자들은 진리 탐구라는 목적 아래 우주의 기원과 모형, 그리고 천체들의 운동 원리를 형이상학적 방식을 통해 규명하려는 것에 보다 많은 노력을 쏟았다.

상대적으로 많은 기록들이 전해지고 있는 그리스를 살펴보면, 오래전부터 여러 학자들이 천상계(天上界) 현상에 대해 다양한 주장들을 내놓았는데, 그 중 탈레스는 '실재(實在)하는 유물론적 입장에서 천상계를 해석하려 했다'는 점에서 천체 연구가 어떤 원칙 아래에서 이루어져야 하는지를 분명히 제시했다. 탈레스의 이런 패러다임의 제시는 천문학의 시작을 알리는 것이었다.

2장
천문학에서 음률적(音律的) 해석은
어떤 의미를 갖는가?

    고대 사람들은 창조주가 이 세상을 만들 때, 마구잡이식으로 작업한 것이 아니라, 분명히 어떤 규칙에 입각했을 것이라고 믿었다. 인류가 도구를 사용하기 시작한 이래로 타악기가 가장 먼저 등장했는데, 그 후 현악기로 발전하면서 화음(和音)이라는 것이 구체화되었다. 그런데 언제부터인가 학자들 사이에서 화음이 자연의 법칙을 이해할 수 있는 도구가 될 수 있다는 인식이 퍼지기 시작했고, 조금씩 그에 대한 증거를 탐색하던 중, 수학적으로 표현된 화음 원리가 건축과 토목 사업 등에서 심미주의(審美主義)를 극대화시킬 수 있음을 알게 되었다. 이렇게 되자 자연철학자들은 이런 화음 원리를 좀 더 큰 규모로 확대하여 이 세상의 창조 과정과 진행 방식 역시 '화음의 수학적 표현'으로 해석할 수 있을 것이라는 믿음을 갖게 되었다.

    피타고라스를 위시한 여러 그리스 자연철학자들은 천체들의 운동이 일정 오차 범위 내에서 나름 규칙성을 보여 주고 있음에 착안하여, 그 규칙성을 음률적(音律的) 방식으로 해석해 화음에 입각한 모종의 법칙을 유도하려 했다. 행성들의 운동에 대한 이런 정격화(定格化) 시도는 2000년이 넘도록 이어져 케플러가 '조화의 법칙'을 발견할 수 있는 원동력이 되었다.

3장
우주혼(宇宙魂)은
어떤 개념인가?

아낙시메네스로부터 유래한 혼(魂) 개념은 플라톤에 이르러 우주혼(宇宙魂)으로 발전하게 된다. 일찍이 사람들은 무생물과 생물을 외부의 힘에 의해서만 움직일 수 있는 것과 스스로의 의지에 의해 움직일 수 있는 것으로 구분했다. 이 때 자기 의지로 움직이는 것은 그 동작을 통제하는 주체가 분명 있기 마련인데, 이것이 혼(魂)이라는 것이다. 당시 천상계에서 운동하는 행성들은 신화(神話)를 통해 신적(神的)인 존재로 간주되었고, 이에 몇몇 자연철학자들은 행성에 혼(魂)이 담긴 것으로 생각했다.

특히 천체의 운동 속도가 일정하지 않고, 또 한 방향으로만 운동하는 것이 아님을 발견한 후에는 혼(魂) 개념의 적용이 잦아졌다. 그런데 우주혼 개념은 플라톤에 의해 보다 구체화된다. 플라톤은 형이상학적 운동 중심에 우주혼의 역할을 부각시키면서 수의 비례와 관련된 기법을 통해 우주의 기원, 존재 및 운동 방식 등을 규명하려 했다.

플라톤은 『티마이오스』에서 우주혼은 '존재(存在)', '동일성(同一性)', '타자성(他者性)'으로 구성되어 있으며, 이것들은 형상적인 것[불가분적(不可分的) 존재, 동일성, 타자성]과 지각되는 것[가분적(可分的) 존재, 동일성, 타자성]으로 양분된다고 주장했다. 이것은 플라톤이 우주혼을 '형상(形象)과 물체적(物體的)인 것들의 중간 상태'에서 만들어진 것이라고 간주했기 때문인데, 그가 이렇게 인식한 이유는 우주혼이 '형상의 세계'와 감각에 의해 지각되어지는 '생성(生成)의 세계' 두 가지 모두에 관여하고 있다고 여겼기 때문이다. 즉 우주혼은 영원한 '형상의 세계'와 끊임없이 변화하는 '생성의 세계'를 연결시켜 주는 매개체 역할을 하고 있다는 것이다.

한편 플라톤은 우주혼의 구성 과정에서 수(數)의 계열을 도입하게 되는데, 이것은 자신의 논리를 음률과 관련짓기 위해서였다. 이런 해석은 앞서 피타고라스학파에 의해 꾸준히 유행하던 방식이다. 이처럼 우주론의 해석 과정에서 천체의 운동을 음악 이론과 접목시키려는 시도는 훗날 중세 천문학자들이 등비비례(等比比例), 조화수열(調和數列) 등을 이용해 고질적인 천문학의 난제를 해결하려 할 때, 다시 한 번 등장한다. 실제로 이런 적용(음악 이론, 등비비례, 조화수열)의 효과를 제대로 본 천문학자가 바로 케플러(제3법칙: 조화의 법칙)이다. 이런 점들을 고려할 때, 플라톤의 우주는 형이상학에 입각한 '기하학적 조화의 구성체'라고 할 수 있다.

플라톤의 우주혼이 천체들의 운동을 어떻게 지배하고 있는지 좀 더 살펴보면, 일단 플라톤의 우주혼에서는 '동일성(同一性)의 운동'과 '타자성(他者性)의 운동'이라는 개념이 도입되고 있다. 플라톤은 천상계의 회전 운동을 천구 전체를 둥글게 원형으로 움직이게 하는 항성들의 회전 운동, 즉 적도면과 평행하게 동쪽에서 서쪽을 이동하고 있는, 매일 관측이 가능한 운동인 '동일성의 운동'과 일곱 개(태양, 금성, 수성, 달, 화성, 목성,

토성)의 천체들이 황도면과 동일한 면에서 각기 다른 지름과 주기를 가진 채로 서쪽에서 동쪽으로 회전하고 있는 '타자성의 운동'으로 양분시켰다. 당연히 이 두 운동의 회전 방향은 서로 반대가 된다. 플라톤은 이 두 가지 운동의 적절한 조화를 통해 천체들의 겉보기 현상을 설명하려 했는데, 이것은 모두 우주혼의 작용에 의해 비롯된 것이라고 주장했다.

이처럼 우주혼은 고대로부터 르네상스 시대까지 천문 현상들의 원인을 설명해 주는 도구로 여러 학자들에 의해 응용되었다.

4장
『천구의 회전에 관하여』는 어떤 동기와 의도에서 출판하게 되었는가?

『천구의 회전에 관하여』의 표지를 넘기면 가장 먼저 나오는 것이 바로 「서문」과 「교황 바오로 3세에게 바치는 헌정서」다. 당시 출판되던 책들의 대부분은 의례 저자가 서문에 자신의 집필 의도와 목적을 구체적으로 밝히는 것이 관행이었다(이런 점은 지금도 다를 바가 없다). 그런데 나름 능력을 인정받은 학자가 교황을 위한 헌정서를 따로 추가하기라도 한다면, 저자가 어떤 사상들을 기반으로 해서 연구에 임하게 되었는지 그리고 자신의 책이 교회 당국뿐만 아니라, 기독교 세계관에 어떤 기여를 할 수 있는지를 교황에게 상세하게 고(告)하는 내용까지 포함하게 된다. 하지만 안타깝게도 『천구의 회전에 관하여』의 서문은 코페르니쿠스의 의도에 상응하는 내용들이 완전하게 담기질 못했다.

코페르니쿠스는 일찍이 『천구의 회전에 관하여』가 야기할 충격을 어느 정도 예상했던 것 같다. 그 수준이 어느 정도가 될지는 자신도 알 수 없었기 때문에, 구체적으로 길게 언급하지는 않았지만 태양중심설을 견지한 행성이론을 책으로 출판하게 될 경우, 교회와 천문학계로부터 비웃음을 살지도 모른다는 염려 때문에 출판을 미뤄 왔음을 서문에서 뚜렷하게 밝히고 있다는 것으로부터 확인이 가능하다. 하지만 그런 고민은 주변인들의 설득으로 극복할 수 있었는데, 그와 관련된 코페르니쿠스의 입장은 서문 다음에 이어지는 교황 바오로 3세에게 바치는 헌정서에서 자세하게 언급된다. 그는 헌정서에서 과거 락탄티우스(Lactantius, AD. 250-325)가 '지구는 구형이다'라고 주장했던 사람들을 향해 비웃으며 억지를 부렸던 일화를 거론하며 설사 그런 유(類)의 작자들이 또 다시 나타나 현재 자신의 이론을 폄훼한다 할지라도, 그런 행위들에 대해 자신은 조금도 개의치 않을 것이라며 강한 자신감을 드러냈다.

오지안더는 『천구의 회전에 관하여』 서문에서 '이 책에 소개된 내용은 단지 가설일 뿐이고, 이 가설을 그대로 믿는다면 천문학을 처음 입문할 때보다도 더 어리석은 사람으로 전락할 것이며, 천문학은 원래 확실한 사실을 알려 주는 학문이 아니다'라고 뚜렷하게 적시했다. 오지안더는 자신이 조작한 서문에 자신의 서명을 남기지는 않았기 때문에, 한동안 독자들은 그 서문의 내용이 코페르니쿠스 본인의 의도라고 오해하고 말았다.

오지안더가 서문을 자의적으로 조작한 이유는 코페르니쿠스의 이론과 주장들이 절대 용인할 수 없는 거짓된 내용이라고 간주했기 때문이 아니라, 단지 천문학을 여전히 기독교적(지구중심적) 세계관 속에 담아두고 싶었기 때문이라고 볼 수 있다. 하지만 오지안더는 서문에서 '이 가설들은 학술적으로 가치가 있기 때문에 세상에 널리 알릴 필요가 있다'고 하면서 코페르니쿠스를 학자로서는 높게 평가했다.

오지안더의 이런 배신행위에 대해 코페르니쿠스의 최측근이었던 레티쿠스와 기세는 너무도 격분한 나머지 페트라이우스에게 수정본을 다시 제작하라고 압력을 가하며 소송까지 몰고 갔지만 끝내 패소하고 말았다. 결국 그들은 『천구의 회전에 관하여』가 조작된 서문에 이끌린 채 배포되는 것을 바라볼 수밖에 없었다.

『천구의 회전에 관하여』는 1543년 3월에 서점과 독자들에게 소개될 준비가 완료되었다. 하지만 그에 앞서 1542년 12월에 코페르니쿠스에게 뇌졸중이 찾아오는 바람에 오른쪽 몸이 마비되어, 그는 거동조차 제대로 할 수가 없는 신세가 되고 말았다. 코페르니쿠스가 뇌졸중으로 쓰러지기 전까지, 그는 『천구의 회전에 관하여』의 부분적 인쇄 결과물들을 한 묶음씩 받아보면서 최종적인 검토 작업을 거쳐 틀린 부분을 다시 교정한 후, 그 바뀐 내용을 다시 원고로 작성해 인쇄소로 보낼 작업을 하고 있었다. 하지만 뇌졸중으로 쓰러진 코페르니쿠스는 더 이상 그런 작업을 할 수가 없게 된 것이다. 결국 그는 이듬해 5월에 자신이 평생을 쏟아 부었던 노력의 결과를 제대로 살펴보지도 못한 채 세상을 떠나고 말았다. 한편 오지안더의 서문 조작 동기가 무엇이었든 간에 『천구의 회전에 관하여』는 한동안 교회 당국으로부터 주목할 만한 위험 요소로 간주되지 않은 채 새로운 패러다임의 배아(胚芽)가 되었다.

코페르니쿠스가 세상을 떠나기 10여 년 전쯤, 코페르니쿠스는 당시 주변으로부터 행정적, 정치적, 법적 그리고 의학적 전문성 등을 높게 평가받고 있었던 터라 교회 당국은 그에게 기대하는 바가 매우 컸다. 그래서 코페르니쿠스는 매일 천문학에만 몰두하는 것이 쉽지 않았기에 그의 연구는 항상 더디게 진행될 수밖에 없었다. 그러다 1533년 교황 클레멘스 7세가 우연히 코페르니쿠스 이론에 대해 관심을 갖게 되는데, 그는 자신에게 코페르니쿠스 행성계를 자세히 설명해 준 요한 알브레히트 비트만슈타트(Johann Albrecht Widmanstadt)에게 훌륭한 정보를 제공해 준 것에 대한 고마움의 표시로 당시에 매우 귀한 자료로 여겨지던 그리스 고전의 원고를 하사하기까지 했다. 그 후 1536년경에 새롭게 제안된 행성이론에 관한 소문을 듣고서 그 자세한 내용을 직접 확인하고자 코페르니쿠스를 방문했던 니콜라우스 쇤베르크(Nicolaus Schoenberg) 추기경은 코페르니쿠스로 하여금 새로운 행성이론을 가능한 빨리 구체화시켜 조속히 책으로 출판하기를 당부했다. 쇤베르크는 코페르니쿠스의 책이 교회를 위해 중요한 역할을 담당하게 될 것이라 것에 의심하지 않았다.

주변의 관심과 격려가 있었다고 할지라도, 오랫동안 기득권을 행사해 오던 세력들로부터 감행될지도 모를 공격에 대한 우려가 코페르니쿠스의 머릿속에서 완전히 사라질 수는 없었다. 그는 교황을 위한 헌정서에서 자신의 파격적인 주장에 대한 여러 근거들을 제시하고 겸손하게 설명하는 방식을 통해 태양중심설을 견지하는 자신의 태도가 자칫 교회 당국의 권위에 도전하는 것처럼 비쳐지지는 않기를 바랐다.

코페르니쿠스는 가능한 불필요한 논쟁에 휩쓸리고 싶지 않았는데, 왜냐하면 당시에는 프로테스탄트 세력을 비롯해 여러 정치·사회적 세력들이 가톨릭교회의 권위에 도전장을 던지고 있었기 때문에, 자신이 그들 중 하나가 되는 상황은 만들고 싶지 않았기 때문이었다.

코페르니쿠스는 헌정서를 통해 자신의 연구는 아주 오랜 검토를 거쳤으며, 고대 현자(賢者)들의 견해를 충분히 참고했기 때문에, 결코 자신의 이론은 허황된 기초 위에서 수립된 것이 아님을 알리고자 했다. 그는 로마의 법률가이자 정치가였던 키케로(Marcus Tullius Cicero, BC. 106-43)의 작품에서 '히케타스(Hicetas, BC. 400-335)는 지구가 움직인다고 생각했었다'는 내용이 있음을 언급한 후, 플루타르크(Plutarch, AD. 46-127)의 작품에서도 여러 사람들이 이와 동일한 주장을 한 바가 있음을 덧붙여 소개했다. 그리고 선대의 학자들처럼 자신 역시 어떤 가설이든 자유로이 구상할 수 있음을 '교황의 묵시적 양해'라는 형식을 통해 허락받기를 원했다.

코페르니쿠스는 헌정서를 통해 교회의 연중 제례(祭禮)행사 때마다 골치를 썩이고 있던 달력 문제와 관련해 현재 수학자들이 태양과 달의 움직임에 대해 아직도 뚜렷한 확신을 갖고 있지 못할 뿐더러, '1년의 크기가 변하지 않는다'는 사실조차도 제대로 증명하지 못하고 있음을 지적하고, 자신의 책은 교회가 직면하고 있는 그런 문제들의 해결에 분명히 큰 기여할 수 있을 것임을 교황에게 확실하게 설득시킴으로써 자신의 연구 가치를 인증 받으려 했다. 그리고 자신의 이러한 노력들은 분명히 신(神)에게 이를 수 있는 참된 길을 확실하게 열어 줄 것이라고 역설했다.

코페르니쿠스는 천문학에 조예가 없던 교황에게 당시 천문학계가 직면하고 있는 상황을 자세히 소개하면서, 그는 천문학자와 수학자들에 의해 당시까지 이룩한 연구 성과라고 할 만한 것은 고작 서로 맞지도 않는 손, 발, 머리, 팔다리를 억지로 끌어 모아 조합해 놓은 듯한 우스꽝스러운 '괴물 모습의 우주'에 불과하다는 사실을 비판하고, 그들이 그럴 수밖에 없었던 이유는 증명 과정에서 꼭 필요한 것들을 놓친다든지 아니면 전혀 상관도 없는 것들을 끌어들여 증명 과정에 끼어 넣는다든지 하는 과오를 지속적으로 범해 왔기 때문이라고 설명했다. 덧붙여 그는 당시 천문학계가 직면한 여러 부조리들의 척결은 오직 지구의 원운동과 각 행성들의 운동 사이에서 발생하는 '상대적 겉보기 운동'과 관련된 해석을 통해서만이 가능한 것이라고 확실하게 못을 박았다.

코페르니쿠스는 이 같은 비판을 통해 고대 그리스 자연철학자들의 형이상학적 논쟁으로부터 벗어난 이후의 천문학, 즉 어느 정도 수학적 체계가 잡힌 천문학이라는 것조차도 여전히 미흡한 수준에 불과하다는 것을 강조한다.

헌정서에서 교황은 여타 독자들까지 대표하는 상징적 인물로 묘사되고 있는데, 이런 표현은 '교황에게 바치는 헌정서'라는 형식을 빌려 굳이 교회 당국과 불필요한 논쟁을 야기하지 않음과 동시에, 자신의 가설이 '용인될 수 있는 범위의 것'이 되었음을 독자들에게 뚜렷이 확인시키고자 하는 의도가 저변에 깔린 것이라고 볼 수 있다.

코페르니쿠스는 '아첨꾼들의 모략에는 뾰족한 방법이 없다'는 격언을 소개하며 교황의 권위로 그런 자들(중상모략가들)로부터 자신을 보호해 달라는 요청을 분명히 하는데, 앞서 언급한 바가 있는 '락탄티우스의 어리석은 행동'이 바로 그런 경우라고 할 수 있다. 여기서 '락탄티우스의 어리석은 행동'이란 수학자가 아닌 사람이 수학이나 과학적 가설에 대해 왈가왈부하면서 논쟁거리로 발전시킨 사례를 두고 하는 말이다.

헌정서 곳곳에서 발견되는 이런 뉘앙스의 문장들은 코페르니쿠스가 가톨릭교회 당국과 학계로부터 제기될 수도 있는 불필요한 논쟁에 굳이 휩쓸리지 않으면서 자신의 가설이 자연스럽게 안착(安着)되기를 바라는 마음이 절실했기 때문이었다. 그런데 실제 1600년에 이르기까지 『천구의 회전에 관하여』가 교회 당국과 학계로부터 심한 비난이나 제재를 당하지 않고 잘 비껴갈 수 있었던 것은 헌정서에 진술된 코페르니쿠스의 해명으로 인해 그의 책이 반(反)신앙적 내용을 담고 있음에도 불구하고, 교회 당국의 '암묵적 용인'을 이끌어 낼 수 있었다는 점, 오지안더가 서문을 조작함으로 인해 책의 내용이 덜 위협적인 것으로 간주되었다는 점, 그리고 『천구의 회전에 관하여』와 같은 고난도 수리천문학 서적을 이해할 수 있는 신학자가 당시에는 그리 많지 않았다는 점 등이 크게 한몫 했기 때문이었다고 할 수 있다.

헌정서의 마지막 부분은 과거 교황 레오 10세(Pope Leo X)의 치세 기간에 열렸던 라테란공의회(Lateran Council: '교회 개혁'을 주요 의제로 다뤘던 제5차 라테란공의회를 말한다. 1512년~1517년 동안 전체 12회기로 진행되었다)에서 교회력을 개정하려 했지만, 1년과 한 달의 크기, 그리고 태양과 달의 움직임에 대한 측정값이 너무나 부정확하다는 이유로 그런 시도가 무산된 바가 있음을 상기시키면서, 당시 그 회의에 참석했던 포솜브로네(Fossombrone)의 주교 바오로(Paul)로부터 자신이 받았던 격려는 곧장 『천구의 회전에 관하여』의 출판 동기로 이어지게 되었고, 이 책은 그 당시 공의회 때 해결하지 못했던 여러 문제들에 대해 보다 정확한 답을 줄 수 있을 것임을 역설하면서 자신의 이런 노력에 대한 평가는 다른 수학자들과 교황에게 맡긴다는 내용으로 끝을 맺고 있다.

헌정서에 포함된 그의 이러한 진술들은 수학과 천문학을 제대로 이해할 수 있는 능력을 갖고 있지도 않는 자들이 자신의 연구를 함부로 비판해서는 안 된다는 것을 지적하는 일종의 경고라고 할 수 있는데, 또 다른 의미에서 간절한 호소의 내용도 담고 있던 이 헌정서는 가톨릭 교회 당국에 포진해 있던 코페르니쿠스 측근들의 동조에 힘입어 『천구의 회전에 관하여』를 여러 비판 세력들로부터 보호할 수 있는 방어막의 기능도 담당했다.

『천구의 회전에 관하여』는 이처럼 교회 일부 세력들의 기대, 오지안더가 조작한 서문, 난해한 수학적 논증들로 이루어진 구성, 그리고 코페르니쿠스의 뚜렷한 집필 동기 및 의도의 표명 등이 다 함께 잘 어우러짐으로써 큰 불상사 없이 출판되어 유포될 수 있었다.

5장

중세와 르네상스 시대의 학자들은 왜 고전(古典)을 통해 진리를 찾으려 했는가?

    옛날 사람들은 '지혜(智慧)'라는 것이 새롭게 발견되는 것으로부터 획득할 수 있는 것이라고 생각하지 않았다. 오히려 과거에 있었던 것들을 다시 찾아냄으로써 획득할 수 있는 것이라고 여겼다. 이런 사고방식은 다분히 종교적인 것이다. 중세와 르네상스 시대의 학자들은 일단 신이 창조한 최초의 인간인 아담이 이 세상 모든 것들에 대해 알고 있을 것이라는 가정을 세웠다. 이러한 가정의 근거는 「창세기(創世記)」 제2장 19절 ~20절 (신께서 흙으로 각종 들짐승과 공중의 각종 새를 지으시고 아담이 무엇이라고 부르나 보시려고 그것들을 그에게로 이끌어 가시니 아담이 각 생물을 부르는 것이 곧 그 이름이 되었더라. 아담이 모든 가축과 공중의 새와 들의 모든 짐승에게 이름을 주니라)로부터 찾을 수 있다. 아담이 모든 것들의 이름을 지었으니, 그것들의 본성에 대해서도 당연히 잘 알고 있을 것이라는 논리로 이어진 것이다. 다시 말해 '지혜'란 아담으로부터 시작되었다는 것이다. 하지만 아담과 이브가 신의 명령을 어김으로 인해 에덴동산에서 쫓겨나게 되는데, 이 때부터 인간은 타락한 존재가 되어 지혜의 상실이 시작되었다.

지혜의 상실은 한 순간에 일어난 것이 아니다. 그것은 오랜 시간에 걸쳐 조금씩 소멸되어 갔다. 인간의 지혜는 흘러간 시간에 비례해서 줄어들었다. 옛날 사람들이 가졌던 '지혜'에 대한 이런 접근법은 '고대 선조들이 후손들보다 인간이 타락하기 시작한 시점으로부터 상대적으로 더 가까운 시대에 살았기 때문에, 당연히 선조들이 후손들에 비해 훨씬 더 지혜로울 수밖에 없다'는 유추에서부터 비롯되었다.

이런 까닭으로 인해 중세와 르네상스 시대의 학자들은 자신들의 연구와 관련된 여러 근거들을 고전(古典)으로부터 찾으려 했다. 만약 자신이 수립한 가설이 고전에 없거나, 또는 전혀 반대되는 내용들만이 발견된다면, 그 가설은 분명 진리가 아니라고 간주되었다. 코페르니쿠스가 고전을 탐색하여 자신의 가설과 부합되는 선행 학자들의 이론들을 소개한 것도 바로 이런 이유 때문이었다.

6장

『천구의 회전에 관하여』와『알마게스트』는
어떤 내용을 담고 있는가?

『천구의 회전에 관하여』는 단순한 천문학 책이 아니다. 이 책에는 다양한 사상들이 등장하고, 여러 가정들이 제안되며, 복잡하면서도 세분화된 수학적 논증들이 항목별로 잘 기술되어 있다.

『천구의 회전에 관하여』는 모두 6권으로 이루어져 있다. 제1권은 선대 학자들의 우주론을 소개하면서 그에 대한 자신의 가설을 대조하는 방식으로 구성되어 있다. 그리고 제2권부터 제6권까지는 사실상 관측값의 수리적(數理的) 논증들이 대부분을 차지한다. 이제『천구의 회전에 관하여』를『알마게스트』와 함께 분석해 보자.

제1권은 모두 14개의 장으로 이루어져 있으며, 다양한 우주론의 소개와 평면삼각형 및 구면삼각형에 대한 속성을 설명하고 있다. 제2권 역시 14개의 장으로 이루어져 있는데, 황도, 적도, 위도, 경도의 속성을 중심으로 별의 출몰에 대한 사항들을 설명하고 있다. 제3권은 모두 26개의 장으로 이루어져 있는데, 분점(分點)과 세차 운동 및 태양의 운동을 중점적으로 다루고 있다. 제4권은 32개의 장으로 이루어져 있는데, 달과 태양의 운동, 시차(視差) 및 식(蝕) 현상에 대해 설명하고 있다. 제5권은 모두 36개의 장으로 이루어져 있으며, 행성 운동에 대한 고대(古代)의 이론을 소개하고 토성, 목성, 화성, 금성, 수성의 운동과 위치에 관한 사항들을 설명하고 있다. 제6권은 다소 분량이 적은 9개의 장으로 이루어져 있는데, 다섯 개 행성들의 공전 궤도 기울기와 그들의 위도를 기준으로 한 여러 문제들을 설명하고 있다. 『천구의 회전에 관하여』를 총 13권으로 이루어진 『알마게스트』와 비교하면, 양적인 측면에서 분량은 다소 적지만 다루는 영역에 있어서는 크게 차이가 나질 않는다. 하지만 태양중심설을 견지하는 『천구의 회전에 관하여』와 지구중심설을 견지하는 『알마게스트』 사이에는 결코 상통(相通)할 수 없는 '동일표준상(同一標準上)의 비교불능성(比較不能性)'이 자리잡고 있었다.[동일표준상의 비교불능성(incommensurability)은 우리나라 학자들에 의해 번역되어 사용되는 과정에서 '비통약성(非通約性)', '공약불가능성(公約不可能性)', '비정합성(非整合性)' 등 여러 개의 용어들로 통용이 되고 있다]

이제 코페르니쿠스가 '천문학'이라는 학문을 어떻게 생각했는지 한번 살펴보자. 이런 검토는 코페르니쿠스가 선행(先行) 천문학자들의 연구 활동과 그 결과를 어떤 가치관으로 바라보며 평가했는지를 짐작할 수 있게 해 준다.

코페르니쿠스는 '천문학'이라는 학문은 결코 무시할 수 없는 학술적 가치를 지니고 있음을 강조한다. 사실 천문학의 가치는 모든 그리스 자연철학자들의 학설에 등장하고 있는데, 코페르니쿠스는 천문학의 학술적 가치를 『천구의 회전에 관하여』 제1권 서두에서 피력하고 있다.

코페르니쿠스는 세상의 모든 훌륭한 것들을 다 포함하고 있는 하늘

(또는 우주)을 두고 예로부터 수많은 학자들이 '보여지는 신(神)'이라고 지칭했음을 소개하며, 학문의 가치를 논함에 있어서도 이런 천상의 세계를 다루는 천문학이 여러 학문들 중에서도 가장 으뜸임을 강조했다. 특히 이성적인 학문 연구 수단인 산술학, 기하학, 광학, 측지학, 역학 등이 천문학에 활용되고 있으며, 과거 다윗 왕이 신(神)의 업적을 기릴 수 있었던 것도 역시 천문학이 있었기 때문에 가능했던 것이라며 천문학의 효용성에 대해 강하게 역설했다.

코페르니쿠스는 자신의 이런 주장에 대한 근거로 플라톤의 『법률(Nomoi)』 제7권의 내용을 인용했다. 플라톤의 『법률』 제7권에는 천문학에 대한 인식, 배움에 대한 필요성, 그 효용성에 대한 내용 등을 뚜렷하게 설명하고 있다. 그리고 우주와 천체의 운동에 관한 내용들은 플라톤의 『티마이오스』에서 상세히 다루고 있다. 그러면 코페르니쿠스가 플라톤의 『법률』 제7권으로부터 어떤 영향을 받았는지에 대해 간단하게 살펴보자.

플라톤은 『법률』 제7권에서 아테네인과 클레이니아스인의 대화를 통해 예로부터 신과 우주를 탐구하는 것은 경건하지 않은 것으로 간주되었지만, 실제로 그런 것을 탐구하는 것이 오히려 올바른 행위임을 주장하면서, 더 나아가 천문학은 젊은이들이 꼭 배워야만 하는 학문으로 소개하고 있다. 이처럼 그는 천체와 관련된 연구는 결코 불경스러운 것이 아니라, 오히려 성스러운 행위일 뿐더러, 학자라면 반드시 익혀야만 될 중요한 학문임을 강조했다.

한편 버트런드 러셀(Bertrand Russell, 1872-1970)은 1959년에 집필한 『서양의 지혜(Wisdom of the West)』에서 "태양 중심의 가설은 아카데미아(플라톤학파)의 한 발견이었을 것이다"라고 언급한 바가 있다. 그리고 고대 플루타르크의 저서 『플라톤적인 물음들(Platōnika Zētēmata: Quaestiones Platonicae)』의 여덟째 물음에서도 "더 나이를 먹게 된 플라톤은 지구에게 적절하지 않은 우주의 중심 자리를 배정한 것을 후회했다"는 내용이 소개되고 있다. 하지만 이 두 예(例)의 진위 여부에 대한 판단 근거는 아직 충분치가 않다.

플라톤은 『법률』에서 "모든 것은 인간이 지닌 이성의 한계 내에서만 고찰되어야 하고, 그로 인한 것들에 대해서는 어떤 질타를 받아서도 안 된다"고 주장하면서 '천체의 현상들에 관해 우리가 배우고 증명하기 위해 노력을 해야 하지만, 그것은 우리의 이성적 한계 내에서 인식되는 것들로만 한정해야 하고, 그 결과에 대해 비판해서는 안 되며, 이성의 한계를 넘어서는 것들에 대해서는 그냥 내버려 두어야 한다'는 이성적 연구 범위의 한계를 제시했다.

플라톤의 이런 연구 성향과 범위 한정은 코페르니쿠스가 교황에게 바치는 헌정서에서도 찾아볼 수가 있는데, 그는 "철학자들의 의무라는 것은 신이 인간 이성에게 허락한 범위 안에서만 진실을 찾는 것이기에, 그와 관련된 임무를 충실히 수행하기만 한다면 일반인들이 철학자들의 연구를 비판할 수는 없는 것입니다"라고 진술하며 플라톤의 태도를 좇아가고 있음을 보여 주었다.

플라톤이 『법률』을 저술할 때는 수리천문학(數理天文學)이 등장하지 않았던 시기였다. 그래서 많은 형이상학적 요소들이 천문학의 기초가 되었고, 자연 현상에 관한 대다수 논증들 역시 수리적(數理的)으로 표현되지가 않았다. 그래서 플라톤은 천문학을 그리 어려운 학문이라고 여기지 않았을지도 모르겠으나, 코페르니쿠스가 공부할 당시에는 천문학이 결코 만만한 수준의 학문이 아니었다. 코페르니쿠스는 프톨레마이오스를 예로 들며 '그는 40년 이상 관측한 결과를 정리해서 자신의 가설을 수립했지만, 여전히 많은 현상들을 설명할 수가 없을 뿐더러, 그의 사후에 발견된 사실들을 이용해야만 그의 가설을 이해할 수 있다'고 지적하면서 천문학은 상당히 난해한 학문임을 강조했는데, 이러한 견해가 나오게 된 것은 르네상스 시대가 고대와는 달리 엄연한 수리천문학의 시대였기 때문이었다.

이제 코페르니쿠스가 다루었던 논증 도구들과 『천구의 회전에 관하여』의 내용 구성을 한번 살펴보자.

케플러의 행성 운동 1, 2, 3법칙(타원궤도의 법칙, 면적속도 일정의 법칙, 조화의 법칙)의 경우는 코페르니쿠스의 가설에다 티코의 정확한 관측자료(8′의 오차까지도 구별할 수 있을 만큼의 정밀도)가 융합된 합작품(合作品)이기 때문에, 일정 부분에 관해서는 티코에 의한 '좀 더 정밀한 관측 도구의 발명과 그 결과물'이라는 요소들이 나름 중요한 역할을 수행했음을 인정해야 한다. 그러나 코페르니쿠스의 경우는 높은 정밀도를 갖춘 관측 도구의 발명이나 일찍이 없었던 개량된 수학적 도구 등이 동원되지가 않았다.

코페르니쿠스가 자신의 이론을 논증하는 과정에서 사용했던 도구는 선대의 관측 자료와 자신의 관측 자료, 그리고 오래 전부터 소개되었던 유클리드 기하학 정도에 불과했다. 단지 그런 도구들이 코페르니쿠스의 머리와 손을 거치게 되면서 독창적 이론으로 탄생하게 된 것이다.

이제 코페르니쿠스가 사용했던 수학은 어떤 것이었는지 좀 더 자세히 살펴보자. 이 작업에 대한 해답은 코페르니쿠스가 아리스토텔레스 물리학, 프톨레마이오스 수학을 그대로 응용했다는 점에서 쉽게 찾을 수 있다.

『천구의 회전에 관하여』의 제1권 제1장에서 제10장까지는 아리스토텔레스 자연철학의 내부적 모순을 아리스토텔레스적 논법으로 차근차근 반박함으로써 코페르니쿠스 자신의 논리적 정합성을 보여 주는 것으로 짜여 있으며, 제1권 제11장 「지구의 3가지 운동에 대한 증명」에서부터는 코페르니쿠스 자신의 기하학적 논리를 조금씩 소개한다. 그리고 제12장 서두에서는 자신이 유클리드 기하학과 프톨레마이오스 천문학으로부터 많은 도움을 받았음을 명확하게 밝힌다. 그 다음에 이어지는 제13장, 14장 그리고 제2권, 3권, 4권, 5권, 6권의 내용들 역시 유클리드, 프톨레마이오스 한계를 넘어서지 않았음을 밝혔는데, 이런 진술은 수학적 응용이 기본 원칙을 달리하게 되면 완전히 다른 결과를 가져올 수 있음을 직접 보여 주겠다는 의도를 담은 것이라고 할 수 있다. 실제 『알마게스트』와 『천구의 회전에 관하여』의 구성 방식과 논증 내용을 비교해 볼 때, 코페르니쿠스의 이런 의도는 뚜렷하게 드러난다.

그러면 이제 『천구의 회전에 관하여』의 구성 방식과 논증 내용의 확인을 통해 코페르니쿠스의 연구 의도가 어떻게 드러나고 있는지를 한번 살펴보자. 이런 작업은 총 13권으로 이루어진 『알마게스트』와 총 6권으로 이루어진 『천구의 회전에 관하여』의 목차와 논증 내용을 서로 비교해 봄으로써 쉽게 확인이 가능하다.

우선 『알마게스트』 제1권과 『천구의 회전에 관하여』 제1권이 다루는 내용을 다음 표를 통해 살펴보자.

〈표 1〉 『알마게스트』 제1권과 『천구의 회전에 관하여』 제1권의 내용

『알마게스트』 제1권	『천구의 회전에 관하여』 제1권
천상계의 형태, 천상계의 운동, 지구의 형태, 지구의 위치, 지구의 운동 여부, 천상계의 기본적인 운동, 화음(和音)의 형태와 표현, 호(弧)에 관한 논증, 적도와 황도에 관한 논증	천상계의 형태, 지구의 형태, 대륙과 해양의 구성 방법, 천상계의 운동 방식, 지구의 운동, 지구의 위치, 천상계의 크기, 선조들이 가졌던 지구 중심 사고의 원인 분석, 선조들의 오류에 대한 반박, 천체 궤도들의 질서, 지구의 3가지 운동에 관한 논증, 원호(圓弧)의 길이에 관한 논증, 평면삼각형의 변과 각에 관한 논증, 구면삼각형에 관한 논증

〈표 1〉의 내용 비교에서 볼 수 있듯,『알마게스트』제1권과『천구의 회전에 관하여』제1권의 내용은 천상계의 형태와 운동 방식에 관한 논증으로 시작해 지구의 위치와 운동 및 기하학적 논증 방식과 관련된 내용들을 소개하고 있다. 이것은 코페르니쿠스가 프톨레마이오스의 기술 방식을 따랐다고 할 수도 있겠지만, 실제 제1권에서 다루는 내용들은 둘 다 천문학의 가장 기초적인 원리들을 다룬 것일 뿐이라고 할 수 있다. 앞서 확인한 바가 있듯 코페르니쿠스는 제1권에서부터 프톨레마이오스의 지구중심설이 지닌 모순들을 반박하며 자신의 논증하고자 하는 지향점은 프톨레마이오스와 정반대임을 확실히 밝혔다.

『알마게스트』제2권과『천구의 회전에 관하여』제2권 역시 유사한 형태로 진술되고 있는데, 〈표 2〉를 통해 살펴보자.

〈표 2〉『알마게스트』제2권과『천구의 회전에 관하여』제2권의 내용

『알마게스트』제2권	『천구의 회전에 관하여』제2권
인간이 거주하는 영역의 일반적인 위치, 적도 및 황도와 관련된 낮의 길이, 천체 운동의 영역과 운동 시간, 태양의 천정 도달 시간과 그 계산법, 춘분-추분-하지-동지에서 정오의 그림자와 해시계에 대한 비율상의 문제와 관련된 유도 공식, 황도 및 적도와 관련된 호(弧)에 관한 논증, 천체 운동 해석법에서 평행선의 속성, 황도와 자오선 사이의 각(角), 황도와 지평선 사이의 각, 평행선의 응용과 관련된 각과 호의 배치	원과 그 명칭에 관한 것, 황도와 그 경사각 그리고 회귀선의 거리 계산법, 적위와 적경으로 표현되는 적도-황도-자오선의 교차점들과 관련된 호 그리고 각과 관련된 계산법, 별의 적경과 적위의 계산법, 천상계를 둘로 나누는 황경의 계산법, 지평선의 구역, 정오(남중)때의 그림자, 천구의 기울기, 낮과 밤의 시간과 분할, 황경 계산법, 지평선과 황도가 이루는 각, 황도에서 교차하는 원들에 관한 논증, 별들의 출몰과 위치에 관한 논증

〈표 2〉의 내용 비교에서 볼 수 있듯, 제2권에서는 둘 다 태양과 관련된 관측 내용들을 중점적으로 기술하고 있음을 알 수 있다. 그리고 시간 및 그림자와 관련된 사항들 역시 함께 논증되고 있음을 발견할 수 있다. 하

지만 『알마게스트』 제7권, 제8권에서 다루어지고 있는 항성(별)과 관련된 사항들이 『천구의 회전에 관하여』에서는 제2권에서 다루고 있다는 차이점이 눈에 띈다. 이것은 코페르니쿠스가 자신의 책 제3권에서 기술할 내용들에 대한 사전(事前) 작업이라고 할 수 있으며, 프톨레마이오스와 달리 태양중심설을 가정하고 있기 때문에, 항성(별)에 관한 기본 원리들을 의도적으로 먼저 소개한 것이라고 할 수 있다. 이제 제3권으로 넘어가자.

〈표 3〉 『알마게스트』 제3권과 『천구의 회전에 관하여』 제3권의 내용

『알마게스트』 제3권	『천구의 회전에 관하여』 제3권
연(年)의 길이, 태양의 평균 운동, 천체의 일률적인 순환운동, 태양의 겉보기 근점이각(近點離却), 태양의 평균 운동의 시기, 태양의 위치 계산법, 태양일의 불균등(不均等)	하지-동지-춘분-추분의 불규칙한 세차운동(歲差運動), 춘·추분과 황도경사각 그리고 적도가 보여 주는 변화로부터 유추할 수 있는 가설들, 달의 칭동(秤動), 춘·추분의 세차와 황도 경사각의 불규칙성, 춘·추분의 규칙적인 특징과 외견상 세차 사이에서 발견되는 오차, 춘·추분과 근점이각의 규칙적 운동들에 관한 위치의 결정, 춘분점과 황도경사각의 세차에 관한 계산법, 태양력의 오차와 그 정도, 지구중심의 공전에서 규칙적이며 평균적인 운동에 관한 논증, 태양 운동의 겉보기 불규칙성을 시현(示現)하기 위한 필수적인 이론들, 태양 겉보기 운동의 불규칙성, 태양의 연중 불규칙적 운동에 관한 시현(示現), 연초(年初) 태양의 규칙적인 운동의 위치 결정, 원지점과 근지점 때문에 태양의 경우에서 발생하는 불규칙성, 태양의 불규칙성에서 발생하는 오차의 크기, 태양의 원지점에서 규칙적 그리고 불규칙적 운동의 표현, 태양의 근점이각의 보정과 위치 결정, 규칙적인 운동과 겉보기 현상 사이에서 발생하는 오차, 태양의 겉보기 운동의 계산, 자연일(自然日)의 오차

〈표 3〉의 내용 비교에서 볼 수 있듯, 제3권에서부터 두 책의 방향이 조금씩 달라지고 있음을 발견하게 된다. 『알마게스트』 제3권은 앞서 제2권에서 다루었던 태양과 관련된 주제들을 보다 심화하는 과정으로 기술되고 있는 반면, 『천구의 회전에 관하여』 제3권은 '지구중심설'이라는 원칙이 태양이 운동한다는 가정하에서 만들어진 결과들과 제대로 부합

되지 못하고 있음을 논증하고 있다. 그런데 제4권에서는 다시 두 책 모두 달에 관한 내용을 중점적으로 다루고 있다. 다음 표를 살펴보자.

〈표 4〉『알마게스트』제4권과『천구의 회전에 관하여』제4권의 내용-1

『알마게스트』제4권	『천구의 회전에 관하여』제4권
달 관측의 기본 전제, 한 달의 주기, 달의 평균 운동, 달의 공전 궤도 이심률과 주전원 가설에 의해 만들어지는 현상, 달의 근점이각	고대 학자들이 생각한 달의 원운동에 관한 가설, 고대 학자들의 억측과 부정확성, 달의 운동과 관련된 여타 이론들, 달의 공전과 그 특수성, 초승달과 보름달일 때 발생하는 달의 불규칙성, 달의 근점이각에서의 운동, 달의 위치, 주전원의 비율과 달의 불규칙성, 달의 주전원상에서 발견되는 오차, 달의 겉보기 운동에 관한 규칙적 시현(示現), 달의 가감(加減), 달의 운동 경로, 시차 관측을 위한 기기(器機)의 구성, 달의 시차 결정, 지구의 반지름을 기준으로 한 지구와 달까지의 거리와 비율, 달과 지구의 직경 계산법, 지구로부터 달과 태양의 거리 그리고 태양과 달 및 지구의 크기

〈표 5〉『알마게스트』제4권과『천구의 회전에 관하여』제4권의 내용-2

『알마게스트』제4권	『천구의 회전에 관하여』제4권
백도와 근점이각 안에서 보여지는 달의 평균 운동에 대한 시기와 보정, 달의 근점이각과 관련된 계산법, 히파르쿠스에 의한 달의 근점이각과 관련된 이론	태양의 겉보기 직경과 그 시차, 달의 불균등한 겉보기 직경, 지구 그림자들 사이의 오차 비율, 경도 및 위도와 관련된 시차, 태양과 달의 충(衝)과 합(合), 태양과 달의 실질적인 충과 합의 근사실험(近似實驗), 일식과 월식

〈표 4〉와 〈표 5〉의 내용 비교에서 볼 수 있듯, 『천구의 회전에 관하여』는 『알마게스트』보다 한 걸음 더 나아가 선대 학자들의 잘못된 가설들을 다양하게 소개하며 그 모순에 대한 논증을 다양하게 펼치고 있음을 알 수 있다. 그런데 『알마게스트』는 제5권과 제6권에서도 여전히 달 및 태양과 관련된 논증들을 이어가고 있다. 다음 표를 통해 『알마게스트』 제5권과 제6권의 논증 내용을 살펴보자.

<표 6> 『알마게스트』 제5권의 내용

『알마게스트』 제5권
아스트롤라베(astrolabe: 천체 관측 기구)의 구성, 달의 이중 근점이각에 대한 가설, 태양과 관련된 달의 근점이각의 크기, 달의 공전 궤도 이심률, 달의 주전원 방향, 달의 실제적 위치와 기하학적 계산, 달의 근점이각에 대한 관측 자료, 합과 충의 위치에서 오차와 달의 이심률, 달의 시차, 시차 측정 기구의 구성, 달까지의 거리 측정, 합과 충의 위치에서 태양과 달에 대한 그림자의 겉보기 직경의 비율, 태양까지의 거리, 태양과 달 그리고 지구의 크기, 태양과 달의 시차(視差), 시차표(視差表), 시차의 결정

<표 7> 『알마게스트』 제6권의 내용

『알마게스트』 제6권
태양과 달의 충과 합, 평균적인 충 그리고 합과 관련된 표의 구성, 평균적인 충과 합 그리고 실제적인 충과 합의 결정 방법, 태양과 달의 식(蝕) 한계, 개월(個月)과 식현상(蝕現象)의 간격, 식현상의 표, 월식의 결정, 식(蝕)의 경사각, 경사에 대한 작도, 경사각의 결정 방법

〈표 6〉과 〈표 7〉의 내용에서 볼 수 있듯, 『알마게스트』 제5권의 내용은 『천구의 회전에 관하여』 제4권 후반부에서 다루고 있는 내용들이고, 『알마게스트』 제6권의 내용은 『천구의 회전에 관하여』 제4권 말미에서 다루고 있는 논증들임을 알 수 있다. 한편 『알마게스트』 제7권과 제8권은 『천구의 회전에 관하여』 제2권에서 다루었던 내용들을 논증하고 있다.

<표 8> 『알마게스트』 제7권과 제8권의 내용

『알마게스트』 제7권	『알마게스트』 제8권
천상계에 고정된 항성들의 상대적 위치, 황도상에서의 항성구(恒星球) 운동, 항성구 후방 운동과 황극의 관계, 항성들의 위치 기록 방법, 북반구에서의 별자리 보기판의 배치	남반구 별자리 보기판의 배치, 은하계의 영역, 고체 구형의 구성, 항성들 배치의 특징, 항성들의 동시적 출몰, 항성들의 처음과 마지막 관측 시정(視程)

〈표 8〉의 내용에서 프톨레마이오스가 북반구와 남반구에서의 '별자리 보기판'의 용법에 관해 따로 설명하고 있음이 눈에 띈다.

이처럼 『알마게스트』 제1권에서 제8권까지의 내용과 『천구의 회전에 관하여』 제1권에서 제4권까지의 내용을 비교해 볼 때, 『알마게스트』 제7권과 제8권의 내용이 『천구의 회전에 관하여』 제2권 후반부에 기술되어지고 있다는 것을 제외하면 거의 비슷한 순서로 논증되고 있음을 발견할 수 있다.

이제 『알마게스트』는 제9권에서부터 본격적으로 행성들에 관한 논증들로 들어가는데, 이와 관련해 『천구의 회전에 관하여』 제5권의 논증 내용들과 비교해 보자.

〈표 9〉 『알마게스트』 제9권과 『천구의 회전에 관하여』 제5권의 내용

『알마게스트』 제9권	『천구의 회전에 관하여』 제5권 (전반부)
태양과 달을 비롯한 다섯 개 행성들이 박혀있는 구(球)들의 순서, 행성과 관련된 가설, 다섯 개의 행성들의 공전 주기, 다섯 개 행성들의 황도와 근점이각에 있어서의 평균 운동, 다섯 개 행성들의 가설과 관련해서 요구되는 전제(前提)들, 가설 사이의 유형과 차이점, 수성의 원지점과 그 이동의 위치, 수성의 공전과 지구의 위치 관계, 수성의 근점이각의 비율과 정도, 수성의 주기적 운동들에 대한 보정, 주기적 운동의 시기	행성들의 공전과 평균 운동, 고대 선조들의 이론에 따른 행성들의 규칙적 운동과 겉보기 운동의 시현(示現), 지구의 운동으로 인한 겉보기 불규칙성의 일반적 시현, 행성들이 불규칙한 운동을 하게 되는 원인, 토성 운동의 시현, 토성의 충(衝), 토성의 운동, 토성의 위치 결정, 지구의 운동으로 인한 토성의 시차, 지구와 토성 사이의 거리, 목성 운동의 시현, 목성의 충(衝), 목성의 규칙적 운동, 목성의 위치 결정, 지구의 운동으로 인한 목성의 시차

〈표 10〉 『알마게스트』 제10권의 내용

『알마게스트』 제10권
금성의 원지점과 위치의 시현, 금성의 주전원 크기, 금성의 궤도 이심률, 금성의 주기적 운동에 대한 보정, 금성의 주기적 운동의 시기, 다른 행성들과 관련된 실험에 대한 전제 가설들, 화성의 원지점 위치가 이심률 시현, 화성 주전원의 크기와 시현, 화성의 주기적 운동에 대한 보정, 화성의 주기적 운동의 시기

<표 11> 『알마게스트』 제11, 12권과 『천구의 회전에 관하여』 제5권의 내용

『알마게스트』 제11권	『천구의 회전에 관하여』 제5권 (후반부)
목성의 원지점과 이심률의 시현, 목성 주전원의 크기, 목성의 주기적 운동의 보정, 목성의 주기적 운동의 시기, 토성 원지점의 위치와 이심률의 시현, 토성 주전원의 크기, 토성의 주기적 운동의 보정, 토성의 주기적 운동 시기, 주기적 운동들로부터 행성들의 실제 위치를 기하학적으로 유도하는 방법, 목성과 토성의 근점이각과 관련된 표, 황도상에서 다섯 개 행성들의 위치 결정, 다섯 개 행성들의 황도와 관련된 계산법	화성의 운동, 화성의 위치 결정, 화성 공전 궤도의 크기, 금성 공전 궤도의 직경과 비율, 금성의 이중 운동, 금성 운동의 시현, 금성의 근점이각의 위치, 수성의 타원 궤도에 대한 원지점과 근지점의 위치, 수성의 이심률, 수성 공전 궤도의 크기, 수성의 이각, 수성의 평균 운동, 수성의 위치 결정, 수성의 접근과 후퇴, 다섯 개 행성들의 경도상에서의 위치 결정, 다섯 개 행성들의 유(留)와 역행(逆行), 행성들의 역행 시간과 위치 및 호(弧)의 결정

『알마게스트』 제12권	
행성들의 역행에 대한 전제 가설, 토성의 역행에 대한 시현, 목성의 역행에 대한 시현, 화성의 역행에 대한 시현, 금성의 역행에 대한 시현, 수성의 역행에 대한 시현, 행성들의 유(留)와 관련된 표	

　

〈표 9〉, 〈표 10〉, 〈표 11〉의 내용 비교에서 볼 수 있듯, 『알마게스트』 제9권과 제10권에서 기술된 논증들은 『천구의 회전에 관하여』 제5권 후반부에서 논증되고 있고, 『알마게스트』 제11권에 기술된 논증들은 『천구의 회전에 관하여』 제5권 전반부에서 논증되고 있으며, 『알마게스트』 제12권에서 기술된 논증들은 『천구의 회전에 관하여』 제5권 후반부에서 논증되고 있음을 알 수 있다.

이제 마지막으로 『알마게스트』 제13권과 『천구의 회전에 관하여』 제6권의 내용을 비교해 보자.

〈표 12〉 『알마게스트』 제13권과 『천구의 회전에 관하여』 제6권의 내용

『알마게스트』 제13권	『천구의 회전에 관하여』 제6권
다섯 개 행성들의 위도와 관련된 그 위치에 대한 가설들, 가설에 따른 경사값을 반영한 행성들의 운동 형태, 각 행성들의 경사도, 행성들의 위도와 관련된 개별 위치에 대한 표(表)의 작성, 위도를 기준 삼아 구해진 계산값들에 대한 표(表)의 배열, 위도를 기준으로 한 다섯 개 행성들의 궤도 이탈에 대한 계산, 다섯 개 행성들의 처음과 마지막 시정(視程), 금성과 수성의 처음과 마지막 시정(視程)에서 보여지는 기이한 특징들과 가설들의 부합, 처음과 마지막 시정(視程)에서 태양으로부터의 개별적인 이각(離角) 계산법, 다섯 개 행성들의 처음과 마지막 시정(視程)값을 포괄하는 표의 배열	다섯 개 행성들의 위도를 기준으로 한 일반적인 이각(離角)의 표현, 위도와 관련해 행성들이 운동하고 있는 원들에 대한 가설, 토성과 목성 그리고 화성의 공전 궤도 기울기, 3개 외행성의 개별적인 위도와 일반적인 위도, 금성과 수성의 위도와 관련된 문제들, 원지점과 근지점에서 궤도 경사에 따른 금성과 수성의 위선(緯線) 통과, 금성과 수성의 이각 크기, 다섯 개 행성들에 관한 위도 계산

〈표 12〉의 내용 비교에서 볼 수 있듯, 『알마게스트』 제13권과 『천구의 회전에 관하여』 제6권은 다섯 개(수성, 금성, 화성, 목성, 토성) 행성들의 각 위도와 관련한 궤도 운동 방식, 그와 관련된 기울기, 그리고 행성들의 이각(離角)과 관련된 여러 현상들이 논증되고 있음을 알 수 있다.

살펴본 바와 같이 '지구중심설'과 '태양중심설'이라는 기본 원칙에만 차이가 있을 뿐이지, 두 책의 논증 순서는 상당히 유사함을 발견할 수 있다. 여기에서 주목할 점은 『천구의 회전에 관하여』가 '수학적 도구'와 '논증 방식', 이 두 가지 측면에서 『알마게스트』를 상당히 좇았음에도 불구하고, 완전히 다른 결과를 이끌어 내고 있다는 점이다. 이것은 유사한 수학적 도구와 논증 방식을 동일한 대상에 적용시키더라도 상반된 원칙 아래에서 논증이 이루어진다면 완전히 새로운 모습의 행성계가 추출될 수 있음을 보여 준 것이다. 특히 코페르니쿠스는 『천구의 회전에 관하여』 제1권에서부터 아리스토텔레스 우주론을 아리스토텔레스의 자연철학적 논법으로 반박하고, 제2권, 3권, 4권, 5권, 6권으로

가면서 프톨레마이오스 천문학의 모순을 프톨레마이오스가 사용했던 수학적 도구를 그대로 응용해서 반박했음에 주목할 필요가 있다.

이처럼 논증 방식과 도구가 유사함에도 불구하고, 어떻게 상반된 결과를 도출할 수 있었는지 한번 살펴보자. 우선 『알마게스트』 제1권에서 '지구는 우주의 중심에 있으며 천상계 비율에서 기점이 되기 때문에 어떤 운동도 하지 않는다'고 설명한다. 그러나 『천구의 회전에 관하여』 제1권에서는 아리스토텔레스의 자연철학적 논리를 그대로 따르면서도 지구와 천체의 피아도치(彼我倒置) 가정법을 통해 '지구의 운동'이 충분히 가능한 것임을 보임과 동시에 우주의 중심이 지구가 아님을 반증하고 있다. 『알마게스트』가 태양의 운동에 따른 위치 및 각도 변화에 대한 논증을 통해 '태양은 반드시 운동하고 있다'는 설명으로 제3권을 가득 채운 반면, 『천구의 회전에 관하여』 제3권에서는 '태양이 이 세상의 중심이다'라는 확신 아래 다양한 논증들을 제시하고 있다.

한편 코페르니쿠스는 『알마게스트』에서 다루어지고 있는 주전원들을 좀 더 세련된 형태로 발전시켰다. 프톨레마이오스는 『알마게스트』 제3권 제3장에서 언급한 주전원의 원리를 제4권 제5장에 가서 달의 평균 운동에 적용시켜 그 내용을 표와 도식으로 상세히 설명하고 있다. 이것은 제5권에서 달의 주전원, 제10권에서 금성과 화성의 주전원, 제11권에서 목성과 토성의 주전원으로 이어지고 있다. 『천구의 회전에 관하여』는 초반부에 주전원에 대한 원리를 간단한 도식으로만 소개하다가 제4권 제8장에 접어들면서 달의 주전원과 관련된 논증을 통해 본격적으로 응용을 시작한다. 그러다가 제5권에서 행성들의 운동을 논증할 때는 더욱 다양한 형태로 구사하고 있다.

『천구의 회전에 관하여』 제5권에서 코페르니쿠스는 『알마게스트』와 완전히 결별함을 보여 주는 증명들을 나열함으로써 고전 천문학으로부터의 뚜렷한 이탈을 선언한다. 이것은 제1권에서 주장했던 내용들의 기하학적 증명이자, 지구와 행성 운동의 시현(示現)을 통해 충분히 존재 가능한 천상계 시스템(태양중심설)을 확인시켜 주는 것이다. 여기에서 다시 한 번 상기할 것이 있는데, 그것은 바로 코페르니쿠스가 『천구의 회전에 관하여』에서 구사했던 수학적 기법은 『알마게스트』에서 이미 소개된 것들과 크게 다를 바가 없다는 사실이다.

수학적 기법과 관련해 설명을 좀 더 덧붙이자면, 당시까지의 수학과 물리학은 오직 천문학 범주와 관련된 문제들의 해결만을 위해 발전해 온 것은 아니었다. 특히 수학은 16세기까지도 근대적 기틀이 잡히지 못한 상태였다. 즉 코페르니쿠스라는 종착점을 향해서만 모든 천문학적 요소(要素)들이 진화된 것이 아니라는 의미인데, 이것은 태양중심설이라는 새로운 천문학이 탄생함에 있어 '수학적 도구의 발달'이라는 것이 필연적 조건은 아니었음을 보여 주는 단적인 예가 된다.

이런 점들을 고려할 때, 코페르니쿠스는 아리스토텔레스와 프톨레마이오스를 제압하기 위해 딱히 특별한 것이라고 할 만한 수학적 도구를 전혀 사용하지 않았으며, 오직 유클리드 기하학과 고전 천문학의 기법만을 응용해 새로운 행성계를 고안했음을 알 수 있다. '코페르니쿠스적 발상'이라는 것은 바로 이런 것이다. 새로운 조건과 환경을 요구하지 않고, 기존의 요소들을 조합해 창의적 성과를 이끌어 내는 것이 '코페르니쿠스적 발상'의 진정한 의미다.

한편 플라톤은 『티마이오스』에서 지구 바로 위를 달이 공전하고, 그 위를 태양이 공전하고, 그 다음 차례로 금성과 수성이 공전한다고 설명했다. 그런데 금성과 수성은 태양과 하나의 축을 이루며 지구 둘레를 공전한다고 했다. 이와 다르게 프톨레마이오스는 『알마게스트』에서 지구 바로 위를 달이 공전하고, 그 다음에 수성, 금성, 태양의 순으로 지구 둘레를 공전한다고 했다. 여기에서 태양, 금성, 수성의 순서가 역순으로 바뀌게 된다. 하지만 프톨레마이오스도 플라톤의 제안과 마찬가지로 지구를 중심으로 한 수성, 금성, 태양의 공전은 하나의 축을 이룬다고 했다. 그들의 수성, 금성, 태양의 배치 순서가 다르긴 하지만 수성, 금성, 태양을 하나의 그룹으로 상정(想定)했다는 것은 수성, 금성의 실제 관측 가능한 시간을 조건으로 반영했다는 의미다.

이에 반해 코페르니쿠스는 『천구의 회전에 관하여』에서 유클리드의 『광학(Optics)』에서 증명된 내용을 근거로 같은 속도로 움직이는 물체들이라고 가정한다면, 느리게 움직일수록 멀리 떨어져 있는 것이라고 간주되기 때문에, 달이 바로 지구 위를 공전하고, (태양을 중심으로) 토성이 가장 먼 곳에서 공전하며 토성 아래에 목성, 목성 아래에 화성, 그 아래 지구를 건너 금성, 수성이 공전하게 되는 것이 바른 순서라고 주장했다. 그리고 코페르니쿠스는 알페트라기우스(Alpetragius)가 금성은 태양 위에서 공전하고, 수성은 태양 아래에서 공전한다고 주장한 내용도 함께 소개하면서 이런 유(類)의 주장들은 모두 잘못된 것이라고 강하게 반박했다. 여기에서 알페트라기우스에 대해 잠시 살펴보자.

원래 알페트라기우스는 라틴어식 이름이고, 정식 이름은 누르 알 딘 아부 이스하크(Nūr al-Dīn Abū Isḥāq)이다. 또 다른 이름으로 비트루지(Al-Biṭrūjī)라고 호칭되기도 한다. 그는 원래 이슬람교도인데, 12세기 후반에 활약했다. 알페트라기우스는 지구중심설을 지지했으나, 프톨레마이오스의 주전원설(周轉圓說)과 이심원설(離心圓說)에는 반대했다. 그는 플라톤 아카데미아의 에우독수스가 제안한 행성계와 아리스토텔레스가 제안한 동심구설(同心球說)을 상호 결합하여 다시 부활시키려 했다. 특히 알페트라기우스는 우주는 모두 아홉 개의 천구로 구성되었고, 일곱 번째 천구까지는 해, 달, 그리고 행성들, 여덟 번째 천구에는 항성들이 고정되어 있으며, 가장 바깥쪽인 아홉 번째 천구로부터 하늘을 움직이는 원동력이 발산하고 있다고 주장했다. 아홉 번째 천구로부터 원동력이 나온다는 그의 제안은 아리스토텔레스의 '부동의 원동자'로부터 차용한 것이라 보여 진다.

코페르니쿠스는 『천구의 회전에 관하여』에서 금성의 크기가 태양의 10분의 1에 지나지 않기 때문에, 금성이 태양을 가린다고 하더라도 태양의 밝은 빛 속에서 작은 반점을 관측하기란 무척 어렵다고 주장한 알 바타니(Al-Battani, AD. 858-929)와 태양과 수성의 내합 시기에 어떤 거무스름한 것을 보았다고 주장한 아베로에스(Averroes, 본명은 Ibn Rushd , AD. 1126－1198. 아리스토텔레스학파의 일원으로, 아리스토텔레스 작품의 주해서와 『알마게스트』의 주석서를 편찬했음)를 소개하면서 그들이 지구를 중심으로 한 수성과 금성의 공전 궤도 위치가 태양의 아래쪽이라고 주장하면서 내놓았던 근거들은 설득력이 너무나 빈약한 것들이라고 했다.

코페르니쿠스는 마르티아누스 카펠라(Martianus Capella, 5세기경)의 우주론을 소개하며 지구중심설로부터의 이탈을 시도한다. 코페르니쿠스는 『천구의 회전에 관하여』 제1권 제10장에서 『백과전서(Encyclopedia)』를 저술한 카펠라가 금성과 수성은 태양을 중심으로 회전하고, 그 두 행성들은 그들의 공전 궤도가 허용하는 이상의 이각을 가지지 않는다고 주장한 바를 소개하면서 자신은 이 같은 수성과 금성의 공전 궤도의 중심이 태양이라는 것에 적극 찬동하고 있음을 밝힌다.

이렇듯 코페르니쿠스는 고전 중에서 '태양을 중심으로 공전한다'는 조건만 들어간다면 내용상 일부 잘못된 요소들이 있을지라도, 고대 학설들을 다소 유연하게 이해하며 수용하려는 자세를 취했음을 발견할 수 있다.

코페르니쿠스는 행성이 밤에 뜰 경우에, 즉 행성이 태양의 반대편에 있고 지구가 태양과 행성 사이에 위치해 있을 때, 지구와 행성 사이의 거리는 최소가 되고 반대로 행성이 밤에 질 경우에, 즉 태양이 행성을 가릴 때처럼 태양이 행성과 지구 사이에 있을 때, 그 행성과 지구 사이의 거리는 최대가 된다는 사실을 통해 행성들의 운동 중심엔 분명이 태양이 위치해야 한다는 것과 태양이 금성과 수성의 회전 중심이라는 것은 여러 현상들의 해석을 통해 충분히 증명되고 있다고 했다. 그리고 이 회전 궤도들은 모두 같은 중심(태양)을 가지며 금성의 회전 궤도와 화성의 회전 궤도 사이의 공간은 두 회전 궤도와 동심원을 이루는 궤도 내지 구(球)로 간주되어야 하는데, 바로 이 공간 안에 지구와 달이 들어가야만 한다고 주장했다.

코페르니쿠스는 행성의 위치와 관련된 논증을 좀 더 이어가면서 지구의 중심 및 달과 관련된 것들은 다른 행성들 사이를 지나면서 태양 주위를 1년에 1회전하며, 우주의 중심은 태양이고 지구의 중심은 다른 행성들처럼 태양 주위를 커다란 회전 궤도를 그리며 연주운동을 하게 된다고 설명했다. 이렇게 되자 코페르니쿠스는 '태양은 영원히 움직이지 않으며 지구와 태양 사이의 거리는 항성구의 크기에 비해 너무나 작기 때문에 태양의 운동으로 보이는 모든 것들이 실제로는 지구의 운동에 의해 만들어진 것들이다'라는 주장을 할 수 있게 되었다.

코페르니쿠스는 유클리드의 『광학』에서 설명하고 있는 "어떤 물체든 한계 거리 이상 멀어지면 눈에 보이지 않는다"는 내용을 언급하며 항성의 거리가 너무 멀기 때문에, 항성의 연주시차는 도저히 감지될 수 없는 것이라고 강조했다.

이런 논증들의 종합을 통해 마침내 코페르니쿠스는 가장 바깥쪽에 있는 것은 항성구이며, 그 항성구의 아래쪽으로 내려오면서 행성들의 수정구가 차례로 놓이게 되는데, 첫 번째는 공전 주기가 30년인 토성, 토성의 궤도 아래에 공전 주기가 12년인 목성, 그 아래에 공전 주기가 2년인 화성, 그리고 지구, 지구 아래에 공전 주기가 7개월 반인 금성, 그리고 금성 아래에 공전 주기가 88일인 수성이 있으며, 이 모든 것들의 중심에 태양이 정지해 있다고 주장하기에 이른다.

코페르니쿠스는 태양중심설의 논리적 근거를 제시하기 위해 헤르메스 트리스메기스투스(Hermes Trismegistus: 르네상스 시대에 이르게 되면, 그리스 고전을 복원하는 과정에서 빈번하게 등장하는 헤르메스를 단순히 신화(神話) 속 전령으로서의 헤르메스와 확실히 구분 짓기 위해, 예전에 알고 있던 헤르메스보다 '세 배로 더 위대한 헤르메스'라는 뜻의 '헤르메스 트리스메기스투스'라고 달리 지칭하게 된다. 그리스 고전이 복원될 당시 여러 사상과 이론들을 담고 있으면서 '헤르메스'라는 이름으로 출판된 것들은 딱히 누구라고 말하기 어려운 '얼굴 없는 작가들' 내지 유명하지만 자신을 굳이 드러내기가 싫었던 학자들의 작품들이었다)로 작가명이 통칭(統稱)되는 작품들에 내재된 사상들을 소개하기도 했다. 코페르니쿠스는 헤르메스 트리스메기스투스의 작품에서 태양을 가리켜 '보이는 신(visible god)'이라 지칭하고 있음과 소포클레스(Sophocles, BC. 496-406)의 작품 『엘렉트라(Electra)』에서 태양을 가리켜 '모든 것을 응시하는 자(者)'라고 묘사하고 있음을 함께 언급하면서 태양이 모든 것의 중심이 되는 것은 지극히 자연스러운 이치라고 주장했다. 코페르니쿠스가 『천구의 회전에 관하여』 서두에서 줄곧 여러 학자들의 작품 속에 내재된 태양중심적 사상들을 적극적으로 소개할 수밖에 없었던 이유는 대학과 교회에서 신봉하고 있던 고전 작품의 내용들 중에서 자신의 이론과 방향을 같이하는 것들을 추출해 논증 과정에 응용함으로써 자신의 주장이 학문적으로 충분하리만큼 타당성을 확보하고 있다는 것을 보여 주기 위함이었다.

코페르니쿠스는 『천구의 회전에 관하여』 제1권 제10장에서 태양중심의 행성계만이 현재 천문학이 겪고 있는 곤란한 문제들(왜 목성의 순행과 역행은 토성보다 크고 화성보다 작게 보이는가?, 왜 금성의 순행과 역행이 수성보다 크게 보이는가?, 왜 역행과 순행 같은 왕복운동들이 목성보다 토성에서 더 자주 일어나는가?, 왜 역행과 순행이 화성과 금성보다 수성에서 더 자주 일어나는가?, 왜 토성, 목성, 화성이 평균 태양과 충(衝)의 자리에 있을 때, 태양에 가려지거나 태양으로부터 좀 떨어져 나타날 때보다 지구에 더 가까운가?, 왜 화성이 태양 반대편에 있을 때는 그 크기가 목성과 비슷해서 목성과 화성을 단지 화성의 붉은 색으로만 구분해야만 하고 다른 때는 육분의(六分儀)로 주의 깊게 관찰해야만 화성을 발견할 수 있는가? 등의 문제들을 말한다)의 해결을 가능케 할 것이라고 단언했다. 왜냐하면 그런 난제(難題)들은 전부가 '태양은 모든 것들의 중심에 있으며, 지구를 비롯한 행성들이 태양 둘레를 공전하고 있다'는 전제가 깔려야만 비로소 해결 가능한 것들이었기 때문이다.

코페르니쿠스는 프톨레마이오스가 활약했던 시대로부터 현재 자신이 살고 있는 시기 사이에 약 21°의 분점(춘분, 추분)들과 지점(하지, 동지)들의 세차운동이 있다는 사실이 발견되었는데, 이러한 세차운동을 해결하기 위해 어떤 학자들은 항성구가 움직인다고 주장했고, 또 다른 학자들은 아홉 번째의 천구를 고안하기도 했지만, 아무리 이런저런 조건들을 다 갖다 붙여도 관측 현상을 제대로 설명할 수 없게 되자, 급기야 열 번째 천구를 하나 더 붙이는 어처구니없는 지경까지 이르게 되었다며 천문학계를 질타했다. 코페르니쿠스는 이러한 골칫거리들을 '지구의 운동'이라는 새로운 원칙의 도입을 통해 해결하겠다는 의도를 『천구의 회전에 관하여』 제1권 제11장 마지막 부분에서 밝히고 있다. 이것은 향후 행성의 운동과 관련된 자신의 논증에서 어떤 원칙들이 적용될 것인지를 예고하는 것이었다.

코페르니쿠스는 우주는 구형(球形)이라고 단정했다. 그는 그 이유를 일단 구(球)는 가장 완전한 통일체이며 접합부가 필요치 않은 형태이기 때문이라고 했다. 덧붙여 구(球)의 형태가 가장 큰 용적을 가지기 때문에, 모든 것을 다 포함하고 보호하기에 무엇보다 적합할 뿐더러, 완전무결체(完全無缺體)라고 간주되는 태양, 달, 별들도 역시 구(球)의 형태를 띠고 있음을 그 근거로 제시했다. 그는 자신의 주장과 관련된 또 다른 근거로 물방울이나 유동성을 가진 물체들이 경계를 만들 때, 구(球)의 형태를 띠는 것을 볼 수 있는데, 그런 현상은 세상의 모든 것들이 구(球)의 형태가 되려는 성질을 갖고 있기 때문이라고 했다. 그런데 사실 구(球)의 형태를 가져야만 가장 큰 용적을 지닌다는 것은 잘못된 설명이다. 그리고 모든 것들이 구형(球形)을 지향하는 것도 아니다.

프톨레마이오스 역시 『알마게스트』 제1권 제3장에서 '별들은 하나의 중심을 두고 환형(環形)의 형태로 공전하는데, 지구중심설의 기초가 되는 천상계의 회전은 하나의 공전축이 구형(球形)의 중심에 위치해야 한다'는 주장을 펼쳤다. 이렇듯 지구중심설이든 태양중심설이든 간에 천상계, 즉 우주의 형태는 구형을 띠어야만 한다는 전제에는 서로 이견(異見)이 없었다.

코페르니쿠스는 지구도 역시 구형임을 확신했는데, 다음과 같은 근거들을 제시했다. 첫째 어떤 사람이 북쪽으로 여행을 하게 되면 항성 일주운동의 북극축(北極軸)은 점점 더 높아지게 되고 반대로 남극축(南極

軸)은 점점 낮아지는 것으로 관측 된다는 점, 둘째 북쪽에 있는 별들은 점점 지지 않게 되고, 남쪽에 있던 별들은 점점 뜨지 않는 현상들이 관측된다는 점, 셋째 이집트에서 볼 수 있는 카노푸스(Canopus)를 이탈리아에서는 볼 수가 없고, 이탈리아에서 볼 수 있는 플루비우스(Fluvius)의 마지막 별을 같은 경도를 가진 추운 지방에서는 볼 수 없다는 점, 넷째 남쪽으로 여행하는 사람에게는 남쪽에 있는 별들이 점점 높아져 보이는 것으로 관측되는 반면 북쪽에 있는 별들은 점점 낮아지는 것으로 관측된다는 점, 다섯째 지구의 극으로부터 같은 거리만큼 떨어진 곳에서는 극의 경사가 어디에서나 동일하게 나타난다는 점, 여섯째 동쪽에 거주하는 사람들은 저녁에 발생하는 태양이나 달의 식(蝕) 현상을 알아채지 못하고, 서쪽에 거주하는 사람들은 아침에 일어나는 그런 식(蝕) 현상을 알아채지 못한다는 점, 일곱째 배의 갑판에서는 육지를 볼 수가 없지만 돛대 위로 올라가면 육지가 보이기도 한다는 점, 여덟째 돛대 위에 발광체(發光體)를 매달았을 때 배가 육지로부터 멀어져감에 따라 육지에 있는 사람에게는 그 빛이 점점 더 아래로 내려가서 결국 사라져 버리는 점 등이다.

코페르니쿠스는 『천구의 회전에 관하여』 제1권 제2장을 마무리하면서 '지구가 달을 가리는 현상이 발생할 때, 달에 투영된 지구의 모습은 원의 모양을 보여 준다. 그래서 엠페도클레스(Empedocles, BC. 490~430)와 아낙시메네스(Anaximenes, BC. 585~528)가 생각했던 대로 지구의 모양은 평면의 형태가 아닐 뿐더러, 류키푸스(Leucippus, 기원전 5세기경)가 생각했던 것처럼 북의 모양도 아니고, 헤라클레이투스(Heracleitus, BC. 535~475)가 생각했던 것처럼 배의 모양도 아니며, 데모크리투스(Democritus, BC. 460~370)가 생각했던 것처럼 구멍이 뚫린 모양을 띨 수도 없으며, 아낙시만드로스(Anaximandros, BC. 610-546)가 생각했던 대로의 원통형 모양도 역시 아니다. 그리고 크세노파네스(Xenophanes, BC. 570-475)가 생각했던 것처럼 점점 밀도가 증가하면서 아래로 끊임없이 이어지는 구조를 띠고 있지도 않다. 지구는 완전한 구형일 수밖에 없다'는 진술을 통해 지구의 모양에 관한 정의를 확정지었다.

프톨레마이오스 역시 지구의 모양에 대한 내용을 『알마게스트』제1권 제4장에서 '태양, 달 그리고 별들이 항상 같이 뜨고 지지 않을 뿐더러, 동쪽 지역에 사는 사람들이 서쪽 지역에 사는 사람들보다 그 천체들이 뜨고 지는 것을 먼저 보게 된다. 게다가 식(蝕) 현상을 통해서도 지구가 둥글다는 것을 확인할 수 있는데, 식(蝕) 현상이 동시에 발생함에도 모든 관측자들에게 같은 시각(時刻)으로 기록되지 않는다는 것과 천체들이 규칙성을 보이면서 순서대로 지고 있다는 것을 통해 지구는 분명 곡면일 수밖에 없다'는 설명을 통해 지구가 구형임을 주장했다.

그는 특히 지구가 원통형일 것이라는 주장에 대해 '만약 지구의 모양이 우주의 축(軸)을 따라 평평한 면을 지니고 있으면서 동쪽에서 서쪽 방향으로 곡면을 띠고 있는 원통 형태(cylindrical)라고 가정한다면, 실제 북쪽으로 여행할 경우에 남쪽 하늘에 있던 별들은 점차 사라져서 결국 보이지 않게 되고 북쪽 하늘에서는 점차 더 많은 별들이 보여지게 되는 현상, 그리고 배를 타고 어떤 산이나 고지대(高地帶)를 바라보면서 나아갈 때, 바다 아래로 가라앉아 있던 것처럼 보였던 산이나 고지대가 마치 바다 위로 서서히 떠오르는 것처럼 보이면서 크기가 점점 커져가는 현상과 같은 것들은 절대 발생할 수 없다'고 강조하면서 이런 현상들 모두는 지면이나 수면이 곡률(曲律)을 띠어야만 가능한 것이라고 주장했다. 이처럼 코페르니쿠스와 프톨레마이오스는 우주의 형태뿐만 아니라, 지구의 형태도 역시 구형(球形)일 수밖에 없다는 생각에는 서로 일치를 보았다.

코페르니쿠스는 '구(球)'라는 입체는 회전 운동이 가장 편하기 때문에, 당연히 모든 구(球)는 원운동을 한다고 생각했다. 그는 고대 그리스인들이 뉴구데메론(νυχθήμερον: 1주야(晝夜)의 길이를 일컫는 그리스어)이라고 일컬었던 동쪽에서 서쪽으로 회전하는 '일주운동(日周運動)'을 소개하면서 이 운동은 모든 운동의 척도가 되는 것이라고 했다. 그리고 그런 일주운동과 더불어 그 일주운동과 반대 방향으로 회전하는, 즉 서쪽에서 동쪽으로 회전하는 또 다른 천체들의 운동이 있는데 태양, 달, 그리고 다섯 행성들이 모두 그런 운동을 하고 있으며, 태양과 달은 바로 이 서쪽에서 동쪽으로 회전하는 운동을 통해 1년과 한 달의 길이를 제공해 준다고 했다.

서쪽에서 동쪽으로 회전하는 운동은 일주운동과 동일한 극축(極軸)을 중심으로 해서 회전하지 않고 황도 위를 약간 비스듬하게 경사져서 움직이고 있는데, 그 회전 속도가 일정하지 않기 때문에 태양과 달이 어떨 때는 빨리 회전하고, 또 어떨 때는 느리게 회전하게 된다고 설명했다. 이에 덧붙여 다섯 개 행성들의 그런 불규칙한 운동으로부터 야기된 역행(逆行)과 유(留) 역시 여러 원운동의 혼합에 의한 결과라고 설명했다. 여기에서 '여러 원운동의 혼합'이란 지구는 절대 우주의 중심이 아니며, 지구도 역시 하나의 행성이라는 전제 하에 지구도 다른 행성들과 마찬가지로 태양 둘레를 공전하게 될 때, 당연히 생길 수밖에 없는 복잡한 원운동들의 교차에 의한 혼합, 즉 태양중심설 행성계에서 발생하는 행성들의 기본적인 겉보기 현상들을 지칭하는 것이다.

그는 천체가 하나의 공전궤도 위에서 단일한 원운동을 하게 된다면 실제 관측되는 바와 같은 불규칙한 겉보기 운동들이 결코 발생할 수가 없기 때문에, 행성들의 원궤도 운동들은 각각 서로 다른 극축을 가지거나 또는 지구가 그 천체들의 중심이 아니어야만 가능하다고 주장했다.

코페르니쿠스는 지구의 위치를 행성들 간의 상대적인 거리, 즉 천체들의 운동에 따른 겉보기 현상을 통해 논증했는데, 그는 물체의 위치가 변하는 것은 관측자와 물체의 운동이 균등하지 않을 때, 다시 말해 천체들 간에 서로 상이한 운동이 발생할 때만 가능한 것이라고 전제하면서 지구의 운동이 바로 그런 경우라고 주장했다. 그는 우리가 지구에서 천체들의 운동을 보고 있긴 하지만, 만약에 지구가 어떤 운동을 할 경우엔 그 운동은 외부 우주에 재현이 되어 마치 외계의 것이 지구가 운동하는 것과 반대 방향으로 운동하는 것처럼 보일 수 있다는 점을 간과해서는 안 된다고 강조했다. 그런 예가 바로 항성들의 일주운동이라고 소개하면서 만약 지금까지의 믿음을 뒤집어 하늘이 움직이고 있는 것이 아니라, 지구가 서에서 동으로 자전하고 있다는 가정을 세우고 다시한 번 천상계를 바라본다 할지라도, 현재 일어나고 있는 태양, 달, 별들의 출몰 현상들은 예전과 변함없이 똑같이 발생하게 된다고 설명했다.

한편 『알마게스트』에서 설명하고 있는 내용처럼 행성들이 지구를 중심으로 동심원을 그리며 회전한다면, 지구와 행성들 사이의 거리는 결코 변하지 않아야 할 뿐더러 겉보기 운동 역시 언제나 규칙성을 보여줘야만 하는데, 실제로 행성들의 겉보기 운동은 불규칙성을 보여 주고 있으며 행성과 지구 사이의 거리 역시 때때로 변하고 있음이 발견되었다. 이에 대해 코페르니쿠스는 프톨레마이오스의 논리가 모순임을 반박하는 과정에서 연주운동을 대표적인 예로 들었는데, 그는 태양을 정지시켜 놓고 대신에 지구가 태양의 운동을 대신하게 되더라도 태양을 운동시킬 때와 똑같은 형태의 황도 12궁, 항성들의 출몰, 행성들의 겉보기 운동(순행-유-역행-유-순행) 등을 보게 될 것이라고 주장했다.

코페르니쿠스는 지구가 세상의 중심이라는 가설을 일단 부정하고, 세상의 중심과 지구 사이의 거리가 이 세상을 둘러싸고 있는 천구의 크기에 비해서는 매우 작을지라도 태양과 행성들의 궤도 크기와 비교하면 상당히 크다고 간주하면서 그리고 행성들의 운동이 지구 이외의 중심을 가지고 있기 때문에 이처럼 불규칙 형태로 관측된다는 가정을 세운다면, 가시적으로 드러나고 있는 행성들의 불규칙한 겉보기 운동과 관련해 조금도 불합리하지 않은 증명들을 충분히 해 보일 수 있다고 단언했다.

행성들이 어떨 때는 지구에 가깝게, 또 어떨 때는 지구로부터 멀리 떨어져 있는 것처럼 보이는 사실로부터 지구의 중심이 행성들 공전 궤도의 중심이 아니라는 것은 분명하며, 사실 이러한 불규칙한 겉보기 운동만을 따져 본다면 지구가 행성 가까이 갔다가 멀어지는 것인지 아니면 행성이 지구 가까이 왔다가 멀어지는 것인지에 대해서는 확실한 결론을 내릴 수 없다고 했다. 실제 이러한 겉보기 현상은 일주운동 말고도 지구와 관련된 또 다른 운동이 분명히 존재한다는 걸 방증하고 있는 것이었다. 그는 그 문제와 관련해 오래 전에 피타고라스학파의 필로라우스가 제안했던 내용을 소개했는데, 필로라우스는 일찍이 "지구가 원운동을 하지만 다른 운동에 의해 떠도는 단지 하나의 행성일 뿐이다"라고 주장한 바가 있었다. 하지만 프톨레마이오스는 『알마게스트』제1권 제5장에서 '지구는 확실하게 천상계의 중심이다'라고 확실하게 단정 짓고 논증을 펼친다. 게다가 다음 장인 제6장에서는 항성구들 역시 지구를 중심으로 같은 비율로 같은 거리를 두고 원운동하고 있음을 논증했다. 사실 고전 천문학과 근대 천문학의 괴리(乖離)는 지구의 위치와 운동에 관련된 문제들로부터 시작된 것이었다. 프톨레마이오스는 이어지는 제7장에서 '지구는 그 어떤 운동도 하지 않는다'고 주장하는데, 그는 오직 천상계의 공전 현상에 의해서만 모든 천체의 운동들이 해석될 수 있다고 단정했다. 그는 훗날 코페르니쿠스가 언급하게 될 헤라클레이데스(Herakleides)와 같은 학자들을 빗대어 지구가 매일 서쪽에서 동쪽으로 자전한다고 주장했던 학자들의 가설들은 우스꽝스럽기 그지없다고 비난했다. 그는 『알마게스트』에서 '만약 지구가 자전한다면 지표상의 모든 물체들은 지구의 빠른 자전 속도로 인해 원심력을 받게 되어 하늘 저편으로 날아갈 뿐더러, 구름이나 날아다니는 물체들, 그리고 공중으로 던져진 물체들은 지구의 자전에 의해 서쪽으로 이동한 것처럼 관찰될 것임이 분명한데, 실제로 그런 일은 발생하지 않고 있기에 지구는 절대 자전하지 않는다'는 설명으로 지구의 운동이 모순임을 주장했다. 코페르니쿠스는 이와 같은 프톨레마이오스의 실수를 프톨레마이오스가 사용한 것과 똑같은 자연철학적 논리로 『천구의 회전에 관하여』 제1권에서 반박했는데, 그에 대한 내용은 이 책의 제2부에 수록된 「고전 천문학의 불길한 조짐」에서 설명되었다.

한편 프톨레마이오스는 만약 지구가 우주의 중심에 있지 않다면 현재 밤낮의 길이가 규칙적으로 증가하고 감소하는 현상을 도저히 설명할 수 없을 것이라고 주장한 것에 반해, 코페르니쿠스는 지구의 위치가 반드시 우주의 중심에 있지 않더라도 우주의 중심으로부터 지구까지의 거리가 우주의 중심으로부터 항성구까지의 거리와 비교할 때, 무시할 수 있을 정도로 거의 없는 것과 같다고 가정할 경우에는 별달리 모순될 만한 문제가 발생하지는 않는다고 반박했다.

『알마게스트』 제1권 제8장에서는 천상계에서 일어나고 있는 두 가지 운동에 대해 기술하고 있는데, 이것은 플라톤의 『티마이오스』에서 언급된 내용을 그대로 담고 있다. 한편 프톨레마이오스의 천상계 운동은 플라톤 우주론의 기본 틀에서 크게 벗어나지 않았고, 아리스토텔레스의 '부동의 원동자' 개념과도 어느 정도 유사성을 보여 주고 있다.

실제로 '지구의 위치와 운동에 관련된 논쟁', 이것 하나만으로도 코페르니쿠스가 고전 천문학으로부터 얼마나 많이 이탈했음을 쉽게 확인할 수 있는데, 『알마게스트』의 기본 원칙인 지구중심설과는 완전히 상치되는 기본 명제들이 『천구의 회전에 관하여』의 서두를 완전히 장식함으로써 코페르니쿠스는 향후 지구중심설을 철저히 거부하고 오직 태양중심설을 기본 원칙으로 삼아 자신의 논증들을 전개해 나갈 것임을 예고했다.

코페르니쿠스는 『천구의 회전에 관하여』 제1권 제10장에서 프톨레마이오스는 180°의 최대 이각을 가지는 행성과 그렇지 않은 행성들 사이에 태양이 위치한다고 주장했으나, 달의 최대 이각이 180°가 된다는 사실로부터 프톨레마이오스의 기본 원칙이 모순되었음을 지적했다. 이것은 곧 『알마게스트』 제9권 제1장의 설명과 제3장에서 고대 천문학자들의 생각과 프톨레마이오스 자신의 관측값을 토대로 '지구-수성-금성-태양'이라는 행성 배열을 고집했던 프톨레마이오스 주장에 대한 코페르니쿠스의 반박이었다. 코페르니쿠스는 프톨레마이오스의 이러한 행성 배열이 잘못된 원칙으로부터 비롯된 것임을 논증을 통해 확실히 보여 줬다.

여기에서 화성, 목성, 토성의 순서는 그리 중요한 논의 대상이 되지 못한다. 왜냐하면 지구의 위치와 관련된 문제를 해결하기 위해서는 무엇보다 내행성과 지구의 위치 사이에서 발생하는 여러 상관관계가 결정적 요소로 작용하기 때문이다.

한편 앞서 언급한 바 있듯, 고전 천문학에서의 지구중심설은 프톨레마이오스에 의해 수리적으로 체계화되기 전까지는 여러 학파들에 의해 다양한 가설들을 통해 제시되었는데, 특히 행성들의 배열 순서와 운동 형태가 형이상학적으로 논증되었기 때문에, 『알마게스트』라는 하나의 원칙으로 통합되는 과정에서 격심한 진통을 겪을 수밖에 없었다. 그러한 진통을 겪었다는 것은 그만큼 세심한 정교화 작업을 통해 어느 정도 검증이 되었다는 의미인데, 마찬가지로 『천구의 회전에 관하여』 역시 똑같은 과정을 거쳐야만 했다.

코페르니쿠스는 우선 고전(古典) 연구를 통해 자신의 태양중심설에 대한 신뢰성 확보에 주력했다. 그는 프톨레마이오스 이전의 그리스 자연철학자들이 제안한 여러 사상들로부터 태양중심설의 근원을 탐색했다. 프톨레마이오스가 선행 연구자들의 사상을 차용했던 것처럼 코페르니쿠스 역시 선행 연구의 중요성을 깊이 인식했다. 다만 차이점이라고 한다면, 고전 사상들의 적용에 있어 프톨레마이오스와 코페르니쿠스는 서로 대척점(對蹠點)의 위치에서 출발했다는 것이다. 이처럼 그들이 각자 견지했던 우주의 기본적인 틀은 처음부터 완전히 달랐다.

프톨레마이오스는 『알마게스트』 제4권 제4장에서 달이 삭망월을 이루면서 불규칙한 회전 운동을 하는 것을 주전원을 도입해 설명하고 있는데, 코페르니쿠스 역시 『천구의 회전에 관하여』 제4권 제9장과 제10장에서 같은 내용을 유사한 방식으로 설명하고 있다. 달의 불규칙한 운동에 관한 그 둘의 생각은 크게 차이가 나지 않는다는 것을 작도된 그림과 설명을 통해 어렵지 않게 확인할 수가 있는데, 코페르니쿠스는 '패럴래티콘(parallaticon)'이라는 달의 시차를 측정하는 기구의 구조를 설명하는 과정에서 프톨레마이오스가 그것을 어떻게 다루었으며, 그 기구의 조작법은 어떤 것인지에 대해서도 조목조목 설명하고 있다. 이것은 코페르니쿠스가 『알마게스트』를 꼼꼼하게 검토하면서 프톨레마이오스의 관측 기법까지도 빠뜨리지 않고 검증했음을 보여 주는 좋은 예라고 할 수 있다.

『알마게스트』는 일반인들이 쉽게 이해할 수 있을 만큼 평이한 텍스트는 아니었다. 16세기에 『알마게스트』와 『천구의 회전에 관하여』를 제대로 이해할 수 있는 천문학자는 얼마 되지가 않았는데, 특히 1543년에서 1600년까지 지구중심설에서 태양중심설로 개종한 천문학자가 극소수였다는 점을 통해 당시 천문학계의 수준을 가늠할 수가 있다.

프톨레마이오스는 『알마게스트』 제9권에서 수성과 금성이 지구와 태양 사이의 공간에서 공전하고 있으며, 예정된 시간에 수성과 금성에 의한 태양의 식(蝕) 현상 관찰이 불가능한 이유를 수성과 금성의 크기가 너무 작기 때문이라고 설명했다. 그리고 관측되는 시간과 시차(視差)에 관한 논증을 통해 지구, 달, 수성, 금성, 태양, 화성, 목성, 토성, 항성의 순서로 배열되었음을 주장했다. 그는 자신의 이런 행성 배열에 결정적 영향을 끼친 것은 히파르쿠스를 비롯한 선대 천문학자들이었음을 『알마게스트』 제5권 제1장에서 밝히고 있다. 이와 관련해 코페르니쿠스는 『천구의 회전에 관하여』 제5권 제1장(『알마게스트』와 『천구의 회전에 관하여』의 목차가 비슷하기 때문에 이 둘의 제5권 제1장들은 서로 같은 내용을 다루고 있다)에서 지구가 결코 우주의 중심에 위치할 수가 없는 논거들을 제시하며 반박했다. 특히 그는 수성과 금성의 순행, 유, 역행과 관련된 논증들을 통해 프톨레마이오스가 제시한 지구중심설은 설득력이 부족하며, 오히려 수성과 금성의 겉보기 운동은 지구가 하나의 행성으로 공전함으로써 발생하는 상대적 위치-운동 속도 변화에 의한 것으로 간주하는 것이 옳다고 주장했다.

『알마게스트』 제9권 제5장에서는 이심원상에서 행성 공전속도의 불규칙성을 주전원을 통해 보정할 수 있다고 밝히면서 공전속도가 빠른 곳은 근지점이 아닌 원지점에서 발생한다고 논증하고 있다. 물론 이것은 케플러의 제2법칙(면적속도 일정의 법칙)에 위배되는 것이다. 이처럼 지구중심설에서 한 가지 문제를 해결하기 위해 어떤 처방을 내리면 그 처방으로 인해 또 다른 문제점들이 터져 나오는 경우가 허다했다(물론 이 같은 상황을 코페르니쿠스도 피해 갈 수는 없었다). 이에 대해 코페르니쿠스는 주전원의 차용 여부에 있어서는 프톨레마이오스와 마찬가지였지만, 주전원을 적용시키는 과정에서 지구가 중심이 아니라, 태양이 중심이라는 전혀 다른 기준을 설정함으로써 새로운 접근법으로 행성 공전의 불규칙성을 제거하려 했다. 이처럼 각 행성들의 겉보기 운동을 분석하는 기준부터 그 둘은 완전히 달랐다.

프톨레마이오스는 『알마게스트』 제9권 제9장 제6절에서 수성의 이각(離角)과 관련된 현상들을 주전원 작도를 통해 논증하면서 끊임없이 황도와 연관시켜 논증하고 있다. 그것은 앞서 수성과 금성이 지구와 태양 사이에 위치하면서 하나의 축(軸)을 구성하며 공전한다는 것에 대한 구체적인 설명인데, 그의 설명은 전적으로 지구중심의 행성계에 입각한 관점으로만 이루어져 있다. 그러나 코페르니쿠스는 『천구의 회전에 관하여』 제5권 제25장에서 프톨레마이오스와 마찬가지로 주전원을 도입해서 수성의 운동을 설명하고 있지만, 황도와의 관계가 아닌 태양을 중심축으로 해서 수성의 주전원 운동을 논증해 나갔다. 따라서 수성의 평균 운동 및 주전원의 회전 중심과 관련된 문제를 다루게 될 때, 당연히 프톨레마이오스와 코페르니쿠스의 계산값은 서로 어긋날 수밖에 없었다. 그런데 코페르니쿠스의 주전원 적용 방식이 프톨레마이오스의 것보다 좀 더 그럴듯했다. 그리고 프톨레마이오스는 금성 또한 그 주전원의 크기가 다르고 그에 따른 이각(離角)만 다를 뿐이지, 수성의 경우와 크게 다르지 않다는 것을 『알마게스트』 제10권 제1장에서부터 제5장까지의 논증을 통해 설명하고 있다.

코페르니쿠스는 『천구의 회전에 관하여』 제5권부터 행성들과 관련된 내용을 집중적으로 논증하기 시작하는데, 프톨레마이오스와는 달리 금성을 수성보다 먼저 다루었다. 그는 제5권 제20장에서 금성에 관한 내용을 시작했는데, 그 이유는 금성이 수성보다 관측하기가 용이했기 때문이었다. 코페르니쿠스는 수성이나 금성뿐만 아니라, 화성, 목성, 토성들 역시 지구를 중심으로 공전하고 있다는 전제를 먼저 깔고 논증에 들어갔는데, 금성의 최대 이각과 관련된 특징들을 언급하면서 프톨레마이오스에 의한 관측 자료들이 비록 지구중심적 시각에서 이루어진 것들이긴 하지만 아주 명료한 것들이기 때문에, 자신이 가설을 수립하는 과정에서 필요에 따라 프톨레마이오스의 기법을 차용하겠다는 의도를 밝히기도 했다. 이것은 나중에 수성과 금성의 운동을 논증할 때, 프톨레마이오스가 구사했던 것과 동일한 형태의 주전원을 도입하겠다는 의미였다.

프톨레마이오스와 코페르니쿠스는 관측 자료와 결과를 관측 장소와 관측 시간에 따라 구분해서 활용했다. 그런데 코페르니쿠스는 프톨레마이오스의 관측값을 자신의 논증 자료로 여러 차례 도입했다. 프톨레마이오스는 고대로부터 전해 오는 관측값과 자신이 직접 관측한 값들을 서로 비교하면서 수성과 금성의 주전원 운동을 논증했는데, 코페르니쿠스는 프톨레마이오스가 『알마게스트』의 집필을 위해 거쳐야만 했던 기초 단계의 복잡한 과정들을 굳이 거치지 않으면서, 즉 불필요한 수고로움을 많이 덜면서 자신의 주전원 작도에 필요한 관측치(물론 코페르니쿠스가 직접 관측한 자료들도 십분 활용되었음은 당연하다)를 프톨레마이오스로부터 제공받았다. 하지만 코페르니쿠스는 지구를 수성과 금성의 주전원 운동의 중심축으로 사용하지 않았으며, 주전원의 운동 궤도를 황도선상에 올려놓지도 않았다. 코페르니쿠스는 수성과 금성의 관측 시간 및 최대 이각과 관련된 문제들을 '중심축(지구중심에서 태양중심으로) 이동'이라는 방식을 통해 해결하려 했다. 그는 이러한 피아도치적(彼我倒置的) 시도를 통해 태양중심설의 기본 원칙들을 체계적으로 제시했다.

이처럼 『알마게스트』와 『천구의 회전에 관하여』는 논증 과정에서 거의 동일한 방식을 채택했음에도 불구하고, 행성계의 중심축이 서로 달랐기 때문에 전혀 다른 결과를 낳을 수밖에 없었다.

7장

티코의 수정(修正) 지구중심설은
어떤 의미를 지니는가?

티코가 착안한 행성계의 가장 큰 특징은 행성들이 지구를 중심으로 공전하던 방식에서 태양을 중심으로 공전하는 방식으로 바뀐 것이라고 할 수 있다. 그러나 그 태양계는 다시 지구를 중심으로 공전할 수밖에 없었다. 왜냐하면 독실한 프로테스탄트였던 티코에게 지구중심설은 선택 사항이 아니었다. 티코는 프톨레마이오스와 코페르니쿠스 그 어느 쪽도 완전히 신뢰할 수 있는 대상이 되지 못했기에 이와 같은 과감한 시도를 하게 된 것이다.

티코의 이런 행성 배치는 관측치(觀測値)를 추출하는 과정에서 정밀도를 높이는 역할을 했다. 만약 티코가 프톨레마이오스 시스템을 끝까지 고집했더라면, 그의 관측값은 제대로 조합되기가 어려웠을 것이다. '행성들이 태양 주위를 공전한다'는 가설은 행성들의 위치와 그 관측치의 오차를 상당히 줄여 주는 효과를 발휘했다. 이러한 오차의 축소는 케플러로 하여금 '행성들이 절대 원궤도로 공전할 수 없다'는 결론을 이끌어 내도록 했다. 특히 화성의 관측에 집중했던 티코의 오차 범위는 8′이었는데, 당시로서는 유례가 없을 정도로 엄청난 정밀도를 자랑하는 것이었다. 그러나 그것 역시 부정할 수 없는 오차일 뿐이었다. 케플러는 그러한 오차의 원인을 화성의 공전 과정에서 발생하는 위치 변화의 비(非)균등함으로부터 기인한 것으로 간주하고, 그 경향성을 분석하여 행성들이 타원 궤도로 태양 주위를 공전하고 있다는 사실을 밝혀 냈다.

티코의 행성계에서 행성의 공전 궤도와 관련해 또 하나 주목할 만한 특징은 '태양이 박혀 있는 수정구(水晶球)와 화성이 박혀 있는 수정구가 서로 교차하면서 지구 둘레를 공전한다'는 내용인데, 이것은 정통 아리스토텔레스 물리학을 철저히 거부한 것이라고 할 수 있다. 비록 티코가 지구중심설을 끝까지 견지했을지라도, 이처럼 오랫동안 준칙(準則)으로 신봉되던 아리스토텔레스 물리학의 기본 원칙을 과감히 폐기함으로써 자신은 이제 전통적 우주론으로부터 확실하게 이탈할 것임을 선언한 것이었다고 할 수 있다.

8장
케플러가 개척한
천체물리학이란 무엇인가?

천문학과 물리학이 결합한다는 것은 케플러 이전에도 줄곧 시도되었던 것이기에 전혀 새로운 것이 아니다. 하지만 케플러 이전의 물리학은 아리스토텔레스 물리학이었다. 그것은 다분히 형이상학적인 것이었고, 따라서 실증된 자료에 의해 해석된 것이 아니었다. 하지만 케플러는 실증된 자료를 기초로 한 물리학을 천문학과 결합시켰다.

아리스토텔레스 물리학은 물, 불, 흙, 공기 이 네 가지 원소의 조합에 의해 모든 자연 현상이 발생한다고 설명했다. 그리고 그 조합은 직선운동과 원운동으로 표현되어 우리에게 만물의 형상이 어떻게 움직이는지 보여 준다고 했는데, 이런 접근법은 해석의 다양성을 낳아 귀에 붙이면 귀걸이가 되고 코에 붙이면 코걸이가 되는 결과를 불러왔다. 코페르니쿠스는 이런 식의 물리학은 잘못된 것이라고 『천구의 회전에 관하여』 제1권에서 강하게 비판했다. 아리스토텔레스 물리학이 물질의 속성,

즉 질적(質的) 측면을 기본으로 하여 현상을 파악하려 했던 것과는 달리 케플러는 운동의 양적(量的) 측면을 기본으로 하여 현상을 파악하려 했다는 점에서 이 둘은 큰 차이를 보여 준다.

케플러는 형이상학적 논증으로 일관되는 아리스토텔레스 물리학과는 달리 수학에 의한 인과적(因果的) 논증 방식으로 자연 현상을 해석하는 것만이 진정한 물리학임을 확실히 보여 줬다. 당시까지 이런 시도는 천문학계에서 일찍이 없었다. 케플러는 코페르니쿠스, 티코, 갈릴레이마저도 극복하지 못했던 '행성은 반드시 원궤도 운동을 한다'는 원칙을 수리물리학적 논증을 통해 확실히 깨뜨림으로써 고전 물리학의 패러다임을 폐기시켰다. 이로써 천문학은 이제 천체물리학이라는 단계로 접어들었다.

9장

갈릴레이의 망원경을 통한 천체 관측은
천문학사에 어떤 의미를 부여했는가?

　망원경이 발명되기 전에는 형이상학이 천문학의 주된 해석 도구였다. 그러나 망원경이 천문학에 도입됨으로써 실측되는 내용만 사실로 간주할 수 있다는 원칙이 수립되었다. 이는 곧 더 이상 보이지 않은 것들이 보이는 것들의 해석 도구로 사용될 수 없음을 확실히 알리는 것이었다.

　태곳적부터 천상계는 무변순수(無變純粹)의 영역으로 여겨졌으나, 갈릴레이의 망원경 관측을 통해 천상계 본연의 실체가 드러남으로써 기독교 세계관뿐만 아니라, 그리스 자연철학 전체가 그 기초부터 흔들리게 되었다. 이런 변화는 기독교 교리와 그리스 형이상학의 결탁으로 혜택을 보던 모든 신학자와 자연철학자들의 주장이 대부분 허구였다는 것을 그대로 드러내 보여 줬을 뿐만 아니라, 이제 천문학이 어떤 방식으로 연구되어야 할지 그 기준을 명확하게 제시해 주었다.

갈릴레이의 '망원경을 통한 천체 관측'은 과학사에 있어 매우 중요한 의미를 지닌 획기적인 사건이라고 할 수 있다. 왜냐하면 이제 보이지 않는 영역을 다룰 때, 최소한 볼 수 있기 전까지는 억측(臆測)에 기초한 형이상학적 해석들을 무분별하게 남발할 수 없게 되었기 때문이다.

10장
근대 천문학 등장 전후의 기독교는 어떤 모습이었는가?

  중세 가톨릭교회 당국의 권위는 막강한 것이었는데, 교황을 비롯한 추기경들의 권세는 국경이 존재하지 않았다. 교회가 있는 곳이라면 어디든지 당국의 영향력이 발휘되었다.

  중세 말에 접어들자 기독교는 본연의 신앙으로부터 벗어나 조금씩 변질되기 시작했다. 당시 추기경들은 세력을 규합하여 당파를 이루었고, 교황은 선출되자마자 자신의 옹호 세력을 키우기에 여념이 없었다. 이런 과정에서 무엇보다 절실했던 것은 자금(資金)이었고, 자금 확보를 위해 시행된 조치들은 갖가지 폐단을 불러왔다. 그 중 가장 대표적인 악폐가 면죄부였다. 시골 지역의 성직자들이 농민들에게 면죄부를 팔아 벌어들인 돈으로 자신들을 구원할 면죄부를 교황청으로부터 구입하는 어처구니없는 상황까지도 발생했다.

  15세기 중엽에 이르러 금속활자의 혁신을 통해 인쇄술이 급속도로 발전하면서 출판물이 다량으로 쏟아지기 시작하자 이제는 글을 배우고 책을 읽는 사람들이 많아지고, 한편으로 항해술이 발달하여 먼 곳에 있는 나라들과의 교역이 확대되면서 자신들이 기도하며 제례를 모시는 유일신이 아닌 이단의 수괴(首魁)를 따르는 사람들의 문명이 기독교 문명보다 훨씬 더 발달되었다는 사실을 알게 되었다. 이로 인해 기독교가 여러 선(善)들 중 하나일 뿐, 유일한 선(善)이 아닐지도 모른다는 의심이 생기면서 반(反)신앙적 조짐이 발생하자 교회 당국은 당혹감을 감출 수가 없었다. 이러한 사태의 연속은 교회 당국의 권위를 급속히 실추시켰다. 이에 교회 당국은 권위에 도전하는 세력들에게 때로는 타협으로 때로는 위협으로 대처했는데, 급기야 15세기 초부터 '마녀사냥'이라는 기가 막힌 캠페인을 벌여 공포감을 조성하면서 무고한 사람들을 학살하는 일까지 서슴지 않게 되었다. 이러한 모습들은 올바른 신앙의 길을 탐색하던 여러 성직자들에게 큰 실망을 안겨 주었다.

1517년 10월 31일, 루터는 비텐베르크대학 부속 교회당 정문에 '95개조(個條)'를 내걸고 가톨릭교회 당국의 부정부패를 고발하면서 교회가 올바른 신앙으로 돌아가야 함을 주장했다. 처음에는 단지 항의(抗議) 표명 정도가 목적이었으나, 사태가 일파만파 유럽 전역으로 번지면서, 걷잡을 수 없는 상황이 되고 말았다. 이에 루터는 '구원을 받기 위해 교황을 반드시 인정할 필요는 없다'는 기치(旗幟) 아래 추종 세력을 규합하여 가톨릭교회와 대치하게 된다. 가톨릭교회 당국과 프로테스탄트 세력들은 오로지 자신들의 교리만이 성서의 올바른 해석임을 주장하며 상대 세력에 대해 일체의 이해나 관용을 베풀려고 하지 않았다. 그로 인해 두 세력은 각기 다른 종파로 분기되었다.

결국 1555년에 이르러 아우크스부르크 조약(Augsburger Religionsfriede)

을 통해 '그 지역 종교는 그 지역 통치자가 결정한다(cuis regio, eius religio)'는 내용이 결의되었다. 그러나 긴장은 수십 년간 지속되다 결국 1618년에 종교전쟁이 발발하고 말았다. 30년 동안의 길고 길었던 이 전쟁은 1648년에 베스트팔렌 조약(Westfälischer Friede)이 체결됨으로써 종결되는데, 이것 역시 아우크스부르크 조약을 다시 한 번 재확인하는 것일 뿐이었다. 그 와중에 프로테스탄트는 다양한 계파로 나뉘었는데, 그들 간의 세력 경쟁도 결코 만만치가 않았다.

16~17세기 교회 당국 및 신학자들은 코페르니쿠스 추종자들이 주장하는 태양중심설이 옳은 것임을 진정 알고 있었으면서 억지로 그 사실을 부정하려 했던 게 아니었다. 그들은 분명 코페르니쿠스 이론이 옳지 않다고 생각했다. 절대 그럴 리가 없다고 확신했다. 정확히 말하면 그들은 실체를 알고서도 진실을 감추려 했던 것이 아니라, 자신들이 진실이라고 믿었던 교리(敎理)를 '과학'이 아닌 오직 '신앙'을 통해서만 증명하려 했던 것이다. 이런 의미에서 코페르니쿠스의 태양중심설과 관련해, 그들이 비록 무지(無知)했을지언정 불순(不純)하지는 않았던 것이다.

11장

토마스 쿤(T.S.Kuhn)의 '과학혁명' 이론을 통한 코페르니쿠스 태양중심설은 어떻게 해석될 수 있는가?

'과학혁명(Scientific Revolution)'이라는 신조어(新造語)는 버터필드가 1946년에 저술한 『근대 과학의 기원(*The Origins of Modern Science: 1300-1800*)』에 처음 소개되었다. 버터필드는 근대를 '르네상스'와 '종교개혁'에 의해 구분하는 것은 서양 중심적 사상에 기인한 측면이 강하기 때문에 부적절하다는 생각에서 비(非)서양권에서도 수용할 수 있는 '근대 과학의 보편성'에 착안하여 근대를 결정하는 기준으로 '과학혁명'을 제안했다.

그로부터 16년 후, 고유명사로 취급되던 '과학혁명(Scientific Revolution)'을 쿤(Thomas Samuel Kuhn, 1922-1996)이 『과학혁명의 구조(*The Structure of Scientific Revolutions*)』에서 패러다임의 교체 과정을 통해 어느 때든 발생할 수 있는 보편적 사건으로서의 '과학혁명(scientific revolutions)'이라는 의미로 탈바꿈시키면서 일반명사로 전환되었다.

쿤이 제안하는 '과학혁명의 구조'는 [정상과학(正常科學) → 이상현상(異常

現象) → 위기(危機) → 과학혁명(科學革命) → 새로운 정상과학(正常科學)]이라
는 형태를 띠고 있다. 그런데 쿤은 『과학혁명의 구조』를 저술하기 5년
전인 1957년에 『코페르니쿠스 혁명』을 저술하여 코페르니쿠스 태양중
심설이 어떻게 출현하게 되었는지에 대해 자신의 견해를 소개한 바가
있다. 하지만 그것은 『과학혁명의 구조』(1962)가 출판되기 전이었기에,
과학혁명의 핵심인 '패러다임'에 입각한 코페르니쿠스 혁명에 대한 해
석은 다소 불충분한 측면이 없지 않다. 이에 코페르니쿠스 태양중심설
의 출현 과정을 '과학혁명의 구조'에 입각하여 간략하게나마 분석하고
자 한다. 그런데 과학혁명의 구조에서 가장 핵심이라고 할 수 있는 '패
러다임'은 도대체 어떤 의미를 지닌 용어인가?

현재 우리가 일상적으로 사용하고 있는 '패러다임(paradigm)'이라는 용
어는 예전부터 있어 왔던 말이긴 한데, 거의 통용이 잘 되지 않던 말이
었다. 그런데 쿤이 다양한 의미가 함축된 용어로 탈바꿈시켜 사용하면
서부터 제대로 된 전문용어가 되었다. 그래서 가히 신조어(新造語)라고
할 수 있다. 현재 패러다임은 '당대 해당 분야에서 가장 주도적인 역할
을 수행하는 가치 체계 또는 가치 기준'이라는 의미로 통용되고 있는
데, 1962년에 출판된 『과학혁명의 구조』에 처음 소개된 패러다임은 22
가지의 의미로 표현되고 있다는 비평가의 지적이 나올 정도로 다소 애
매하고 변칙적인 의미로 활용되었다. 이에 쿤은 1969년에 『과학혁명의
구조』의 개정판에서 그런 지적에 대해 패러다임의 속성을 다시 조명하
는 방식을 통해 패러다임의 의미를 보다 뚜렷하게 제시했다.

코페르니쿠스의 태양중심설이 『천구의 회전에 관하여』를 통해 소개
되기 전까지, 프톨레마이오스의 지구중심설은 『알마게스트』를 통해 아
라비아와 동로마제국을 중심으로 꾸준히 연구되고 있었다. 프톨레마이

오스의 지구중심설은 다소 오차가 있긴 했으나, 학계는 완전히 새로운 행성 체계가 필요하다고 느낄 만큼의 큰 위기 상황을 단 한 번도 경험하질 않았다. 그로 인해 프톨레마이오스 천문학은 아리스토텔레스 자연철학과 융합한 후, 기독교 세계관이라는 방어막을 통해 특별한 의심이 없이 16세기 중엽까지 그 명맥을 꾸준히 이어갈 수가 있었다. 이 시기가 바로 과학혁명의 첫 단계인 '정상과학'이다.

정상과학의 다음 단계인 '이상현상'으로 진행하기 위해서는 학계 내부에서 기존 패러다임과 관련해 여러 모순과 문제들로부터 야기되는 사건들이 연쇄적으로 발생해야만 한다. 그러한 사건들의 누적은 이상현상의 빈번한 출현을 이끈 후에 위기를 불러온다. 그러나 이런 과정을 통해 기존 패러다임이 위기에 직면하는 상황에 이르지 않는다면, 비록 팔, 다리가 몇 개 잘려 나간다 할지라도 기존 패러다임은 변함없이 존속이 가능하다. 프톨레마이오스 천문학이 천 년 이상 존속할 수 있었던 이유가 바로 여기에 있다.

코페르니쿠스는 『천구의 회전에 관하여』의 서문과 제1권을 통해 선행 철학자들의 이론을 소개하는 과정에서 아리스타쿠스(Aristarchus, BC. 310-230)를 누락하고 말았으나, 제3권 제2장에서 황도의 경사각과 관련된 논제를 다루는 도중에 아리스타쿠스의 이론을 간략하게나마 소개했다.

기원전 3세기경에 아리스타쿠스가 태양중심설을 주장했으나, 당시 학계에서는 기존의 지구중심설과 비교하여 아리스타쿠스의 제안이 실용적 측면에서 훨씬 더 효율적이라거나 또는 학술적 측면에서 훨씬 더 합리적이라고 할 만큼 특별한 가치가 있는 것으로 평가하질 않았다. 오히려 학계에서는 비록 지구중심설이 당장 몇 가지 문제점들을 안고 있긴 하지만, 그 문제들을 해결하려는 노력들은 오직 '지구중심설'이라는 영역 안에서만 이루어져야 한다고 생각했다. 이런 생각은 학계의 기본 원칙으로 자리 잡아 천 년 이상 지속되었다.

이처럼 허용할 수 있는 한계 내의 오류와 모순들이라면 장기간 누적되는 과정을 거치더라도 학계를 변화시킬 수가 없다. 왜냐하면 학계는 기존 패러다임의 원칙들이 허용할 수 있는 한계를 넘어섬으로써 존폐를 고민할 만큼의 위기를 느낄 때, 비로소 변화를 모색하기 때문이다. 학계가 새로운 변화를 시도하려는 의지가 전혀 없다면, 즉 그들이 경험하는 오류와 모순이 이상(異常)이라고 받아들여지지 않는다면, 정상과학은 결코 '이상현상' 단계로 진행되지는 않는다.

과학혁명의 두 번째 단계인 '이상현상'의 등장은 달력 제작 과정에서 발생하는 오차가 프톨레마이오스 천문학이 용인할 수 있는 한계를 넘어서고 있는 것에 대해 학계 일부가 인내력을 잃기 시작하면서부터였다. 예로부터 교회의 권위는 교회 제례 의식의 엄격한 수행으로부터 비롯된다고 믿었던 교회 당국의 지도층은 달력의 부정확성으로 인해 제례일이 들쑥날쑥하듯 하게 되자, 이런 문제들로 인해 교회의 권위가 조금씩 실추되고 있다는 생각을 갖기 시작했다. 하지만 성서의 내용을 일부 부정하고, 전통적(傳統的) 우주론의 틀을 개조하는 희생을 치를 만큼이나 심각하게 받아들일 만한 문제들은 아니라고 여겼다. 이와 관련해 중세 르네상스 시대의 천문학계 역시 달력 제작 과정에서 발생하는 문제는 어찌 되었건 간에 '지구중심설'이라는 범주 안에서만 다루어져야 한다는 태도를 고수했다. 교회 당국과 천문학계의 이런 판단은 당시 '지구중심설'을 견지하고 있던 기독교 세계관, 아리스토텔레스 자연철학 그리고 프톨레마이오스 천문학이 삼위일체의 구조를 이루고 있었기에 가능한 것이었다. 그들은 '인간 중심-지구 중심'이라는 기본 원칙을 철저히 좇아갔으며, 결코 그 원칙을 의심의 대상으로 간주하질 않았다.

한편 코페르니쿠스는 『천구의 회전에 관하여』 서문에서 달력 제작을 비롯한 여러 현실적인 문제점들의 해결, 그리고 일부 선행 자연철학자들의 이론들이 모순되었음을 증명하기 위해 자신이 어쩔 수 없이 새로운 행성계를 제안하게 된 것이라고 밝혔지만, 그것은 당시 천문학계의 전반적인 상황을 대변한 것은 아니었다. 그것은 단지 코페르니쿠스만의 의도였을 뿐이다. 분명한 것은 당시 천문학계를 주도하고 있던 세력들은 천 년 넘게 이어오는 정통적(正統的) 프톨레마이오스 천문학을 폐기할 의도가 추호도 없었다.

코페르니쿠스가 『천구의 회전에 관하여』의 서문과 제1권에서 밝혔듯, 자신이 고대 그리스 자연철학자들로부터 일찍이 태양중심설에 관한 근거를 찾을 수가 있었다는 것과 우리가 앞서 확인한 바가 있듯 코페르니쿠스가 천문학을 연구하는 과정에서 신플라톤주의 학풍의 영향을 받았다는 것을 상기해 볼 때, 이런 환경적 요소들은 당시 천문학계의 다른 학자들도 똑같이 경험할 수 있었던 조건들이었다고 할 수 있다. 하지만 그들은 코페르니쿠스와 같은 선택을 하지 않고 기존 패러다임을 고수했다. 이를 통해 기존 패러다임이 '이상현상'과 '위기'를 거치면서 맞게 되는 '패러다임의 변종(變種)'은 반드시 학계 전반에서 발생하거나 또는 학계 전체의 동의를 어떻게든 이끌어내야만 가능한 것이 아님이 확인된다. 이에 티코의 독창적인 지구중심설 모델은 코페르니쿠스의 지향점과는 달랐을지라도 학계 내에서 발견되는 '패러다임 변종'의 또 다른 예라고 할 수 있다.

여기까지의 과정을 살펴볼 때, '이상현상'은 천문학계 전체가 아닌, 단지 코페르니쿠스만의 관점에 입각한 해석으로 국한된다. 당시 대부분의 천문학자들은 딱히 '위기' 상황을 불러올 만큼의 '이상현상'이 지구 중심설 내부에 누적되고 있다고는 전혀 생각지 않았다. 이런 사실들을 통해 『천구의 회전에 관하여』가 무대 위로 등장한 것은 거의 우연에 가까운 돌발적(突發的) 사건이었다고 볼 수 있으며, 그로 인해 학계에 의한 '검증기간(檢證期間)'은 상당히 길어질 수밖에 없었다.

이해를 돕기 위해 재미있는 예를 하나 들어 보자. 일반적으로 댐은 한계 저수량 이상으로 물이 차 범람할 경우 결국 붕괴된다. 그런데 어느 해 기상이변(氣象異變)으로 인해 유례가 없는 폭우가 오랫동안 내리는 바람에 댐에서 하루 종일 방류를 해도 감당이 안 될 만큼, 수량이 급속히 증가하게 되었다고 하자. 그로 인해 엄청난 양의 물들이 순식간에 밀려와 댐이 물을 다 가두지 못하고 범람하는 상황이 벌어지게 되었다. 그런데 댐을 얼마나 튼튼하게 지었는지 범람이 계속되는 과정에서도 댐은 쉽게 붕괴되지 않고 있다. 분명 댐이 더 이상 제 역할을 할 수 없다는 것은 기정사실(旣定事實)로 인지가 되지만, 그래도 붕괴되지 않고 계속 버티고 있다면, 그것은 단지 시간과의 싸움일 뿐인 것이다. 결국 언젠가는 더 이상 견디지 못하고 여기저기 금이 가면서 댐은 붕괴하고 말 것이다.

여기에서 댐은 기독교의 정통 교리, 아리스토텔레스 자연철학, 그리고 프톨레마이오스 천문학이 삼위일체로 결합된 기존의 패러다임이다. 기상이변으로 인해 갑작스럽게 찾아온 폭우는 『천구의 회전에 관하여』가 될 것이고, 점차 모여든 물이 큰 덩어리가 되어 댐으로 돌진 하는 것은 코페르니쿠스 추종자들이라 할 수 있겠다. 댐이 완전히 붕괴되는 데까지 걸린 시간은 거의 150년이었다. 이것은 『천구의 회전에 관하여』 (1543)가 등장한 이후, 『자연철학의 수학적 원리』(1687)에 의해 근대 천문학의 기본 원리가 체계화되기까지 소요된 검증기간이다. 이 검증기간 동안에 지구중심설은 '위기'를 거쳤으며, 학계는 곧장 '과학혁명'의 소용돌이에 휩쓸리게 되었다. '과학혁명'의 시기에 기존 패러다임의 추종 세력들은 앞서 설명한 바 있는 세 가지 선택적 기로에서 하나를 택해야만 했다. 결국 '인간 중심-지구 중심'을 견지했던 기독교 세계관, 아리스토텔레스 자연철학, 그리고 프톨레마이오스 천문학은 새로운 패러다임에 의해 축출되어 무대 뒤로 퇴장할 수밖에 없었다.

일명 『프린키피아』로 불리는 『자연철학의 수학적 원리』가 출판된 이후, 학계에서는 더 이상 태양중심설에 관한 논쟁을 벌이지 않았다. 이때가 바로 새로운 패러다임이 학계를 완전히 지배하는 '새로운 정상과학'의 시대다.

여러 학자들마다 과학 발전에 관한 해석은 다를 수가 있다. 대표적으로 '과학 지식의 성장과 발전 과정'에 대해 쿤과 (1965년 7월. 영국 베드포드대학에서) 격론을 벌였던 칼 포퍼(Karl Raimund Popper, 1902-1994)는 쿤이 과학의 발전 과정을 '패러다임의 안정성 여부'에 역점을 두고 설명한 것과는 달리, 포퍼는 패러다임을 여러 극복할 대상들 중 하나로만 간주했다. 이런 주제와 관련해 포퍼는 앞서 1934년에 『과학적 발견의 논리(*The Logic of Scientific Discovery*)』(영문판은 1959년에 출판되었음)를 통해 과학 지식의 발전 과정에서 가장 중요한 역할을 수행하는 것은 '가치 체계(패러다임)'의 재(再)생산 같은 것들이 아니라, 과학적 범주 안에서 그 타당성을 확인할 수 있도록 해 주는 '반증가능성(反證可能性)'이라고 제안한 바가 있다.

그런데 포퍼와 쿤은 과학에 있어 '나아간다(progress)'는 것이 인간이 처한 상황을 보다 완벽하게 만들고, 절대적 진리를 이끌어 내며, 기독교적 구원 신화를 대체하는 능력과는 아무런 관련이 없다는 점에는 서로

동의를 했다(이것은 과학적 활동에서 오직 '진행되는 것'에만 초점을 맞춰 해석하면 그렇다는 것이다). 하지만 포퍼와 쿤이 합의한 이런 과학적 속성에 상관없이 16세기의 코페르니쿠스는 『천구의 회전에 관하여』 서문과 제1장에서 자신의 연구는 교회력(敎會曆)을 보다 완벽하게 만들고자 그리고 절대적 진리에 다가가고자, 마지막으로 기독교 세력권의 번영에 기여하고자 이루어진 것임을 뚜렷하게 밝히고 있다는 점에서 포퍼와 쿤의 견해와 일부 상반되고 있음을 알 수 있다(사실 포퍼와 쿤의 합의는 보편적 해석이며, 코페르니쿠스는 여러 개별 사건들 중 하나이기에 모든 사항에서 꼭 합치될 수는 없다). 이것은 과학적 활동을 수행하는 당사자의 연구 의도와 실제 과학이 발전해 가는 과정은 서로 별개라는 것을 보여 주는데, 코페르니쿠스가 세상을 떠난 후에 전개되었던 일련의 사건들 대부분은 그의 의도와 전혀 무관하게 발생한 것들이었다. 설사 그의 의도와 일부 합치되는 것들이 있었다고 할지라도.

12장
우리는 왜 역사와 과학에
관심을 두어야 하는가?

역사는 인류가 어떻게 발전해 왔는지를 연구하는 분야다. 당연히 현재 결과에 대한 원인과 그 과정들 모두를 이해할 수 있도록 해 주는 매우 중요한 학문이라 할 수 있다. 따라서 역사는 우리가 도약의 고비나 위기의 기로에서 어떤 판단을 해야 할지를 알려 주는 중요한 나침반이다. 그러니 어떻게 공부하지 않을 수 있겠는가?

과학은 현재 인류의 문명이 어디까지 도달했으며, 또 어디를 지향하고 있는 지를 알려 주는 학문이다. "생명체가 출현한 이래로 지금까지 진화해 오면서 하나씩 쌓아 온 과학기술은 현재 어느 정도의 수준까지 이르렀는가?" 또 "앞으로 인류는 무엇을 위해, 그리고 어디를 지향하면서 과학을 연구하고 있는가?" 이런 유(類)의 물음에 대한 답은 매주, 매달 나오는 엄청난 양의 출판물, 보고서, 논문, 그 밖의 다양한 매체들을 통해 항상 접할 수 있다. 그리고 과학 발전의 성과는 (그리 오랜 기다림 없이) 우리 실생활에서 직접 경험하게 되는데, 이런 환경에서 살고 있는 우리가 과학에 관심을 두지 않는다면 우리에겐 미래가 없는 것과 마찬가지다.

따라서 우리가 역사와 과학에 항상 관심을 갖고 연구를 게을리 하지 않는 것이 인류의 가치를 드높일 수 있는 유일한 길임을 명심해야 할 것이다.

참고문헌

1차 사료

Aristoteles, *Aristoteles Metaphysica*, trans. by Jaeger, Werner (Oxford University Press, Oxford, 1957). 이 책의 한국어판은 조대호 옮김, 『아리스토텔레스의 형이상학』(문예출판사, 2004)이다.

Copernicus, Nicholaus, *On The Revolutions of Heavenly Spheres*, ed. & trans. by Charles Glenn Wallis, (Prometheus Books, Amherst, New York, 1995). 이 책의 한국어판은 민영기, 최원재 공역, 『천체의 회전에 관하여』(서해문집, 1998)이다.

Cusa, Nicholas, *De docta ignorantia*. 이 책의 한국어판은 조규홍 옮김, 『박학한 무지』(지식을 만드는 지식, 2011)이다.

Euclid, *Elements*. 이 책의 한국어판은 이무현 옮김, 『기하학 원론』(교우사, 1997)이다.

Galilei, Galileo & Galilei, Maria Celeste, *The Private Life of Galileo*-Scholar's Choice Edition (Scholar's Choice, 2015).

Galilei, Galileo, *The Sidereal Messenger of Galileo Galilei*-Scholar's Choice Edition (Scholar's Choice, 2015).

Kepler, Johannes, *The Harmonies of the World*, ed. & trans. by Stephen Hawking, (Running Press Book Publishers, Philadelphia, Pennsylvania, 2002).

Kepler, Johannes, *The Harmony of the World by Johannes Kepler*, ed. & trans. by E. J. Aiton, A. M. Duncan and J. V. Field, (American Philosophical Society, La Vergne, Tennessee, 2010).

Newton, Isaac, *The Principia*, trans. by Andrew Motte (Prometheus Books, Amherst, New York, 1995). 이 책의 한국어판은 이무현 역주, 『프린키피아-자연과학의 수학적 원리』제1권(교우사, 1998), 제2권(교우사, 1998), 제3권(교우사, 1999)이다.

Platon, *Dialogue of Plato*, ed. & trans. by J. D. Kaplan (Pocket Books of Simon & Schuster, New York, 2001).

Platon, *Nomoi*, 이 책의 한국어판은 박종현 역주, 『법률』(서광사, 2009)이다.

Platon, *Timaios*, 이 책의 한국어판은 박종현, 김영균 역주, 『티마이오스』(서광사, 2000)이다.

Ptolemy, *Ptolemy's Almagest*, ed. & trans. by G. J. Toomer (Princeton University Press, Princeton, New Jersey, 1998).

홍대용, 「毉山問答」, 震檀學會 編 『湛軒書』(도서출판 一潮閣), 2001.

2차 사료

단행본

Allan-Olney, Mary, *The Private Life of Galileo: Compiled Primarily from His Correspondence*-Scholar's Choice Edition (Scholar's Choice, 2015).

Beatty, Kelly & Chaikin, Andrew, *The New Solar System* (Sky Publishing Co, Cambridge, UK, 1990).

Baigrie, Brian, *Scientific Revolutions - Primary Texts in the History of Science* (Pearson Education Inc, New Jersey, 2004).

Bernal, Martin, *Black Athena* (Rutgers University Press, New Brunswick, New Jersey, 1987). 이 책의 한국어판은 오흥식 옮김, 『블랙 아테나』 제1권(소나무, 2006)이다.

Blumenberg, Hans, *The Genesis of the Copernican World* translated by Robert Wallace (MIT Press, Cambridge, Massachusetts, 1987).

Boerst, William, *Tycho Brahe: Mapping the Heaven* (Morgan Reynolds Publishing Inc, Greensboro, North Carolina, 2003). 이 책의 한국어판은 임진용 옮김, 『티코 브라헤: 천체도를 제작하다』(대명, 2010)이다.

Brewster, David, *The Martyrs of Science, or, The Lives of Galileo, Tycho Brahe, and Kepler* (BiblioLife, Charleston, SC, 2009).

Bryant, Walter, *Kepler*-Scholar's Choice Edition (Scholar's Choice, 2015).

Butterfield, Herbert, *The Origins of Modern Science 1300-1800* (The Free Press, New York, 1997). 이 책의 한국어판은 차하순 옮김, 『근대과학의 기원』(탐구당, 1980)이다.

Carrol, Bradley & Ostlie, Dale, *An Introduction to Modern Astrophysics* (Addison-Wesley Publishing Company, New York, 1996).

Chalmers, Alan, *What is this thing called Science?* (University of Queensland Press, Queensland, Australia, 1999). 이 책의 한국어판은 신중섭, 이상원 옮김, 『과학이란 무엇인가?』(서광사, 2003)이다.

Cohen, Bernard, *The Birth of A New Physics* (W. W. Norton & Company, New York, 1995). 이 책의 한국어판은 조영석 옮김, 『새물리학의 태동』(한승, 1996)이다.

Cornford, Francis, *Plato's Cosmology -The Timaeus of Plato* (Hackett Publishing Corporation, Indianapolis, Indiana, 1997).

Davis, Kenneth, *Don't Know Much About The Universe*(2002). 이 책의 한국어판은 이충호 옮김, 『우주의 발견』(푸른숲, 2003).

Diels, Hermann, *Die Fragmente Der Vorsokratiker* (1903). 이 책의 한국어판은 김인곤, 강철웅, 김재홍, 김주일, 양호영, 이기백, 이정호, 주은영 옮김, 『소크라테스 이전 철학자들의 단편 선집』(아카넷, 2005)이다.

Drake, Stillman, *Discoveries and Opinions of Galileo* (Anchor Books, New York, 1957).

Draper, John, History of the Conflict Between Religion and Science (General Books, Memphis, Tennessee, 2010).

Dreyer, John Louis Emil, *History of the planetary systems from Thales to Kepler* - Scholar's Choice Edition (Scholar's Choice, 2015).

Dreyer, John Louis Emil, *Tycho Brahe: A Picture of Scientific Life and Work in the Sixteenth Century*-Scholar's Choice Edition (Scholar's Choice, 2015).

Elliot, John & Bethune, Drinkwater, *The Life of Galileo Galilei & Life of Kepler* (CreateSpace Independent Publishing Platform, 2015).

Ferguson, Kitty, *Tycho & Kepler* (Walker Publishing Company, New York, 2002). 이 책의 한국어판은 이충 옮김, 『티코와 케플러』(오상, 2004)이다.

Fuller, Steve, *Kuhn vs. Popper* (Columbia University Press, New York, 2004). 이 책의 한국어판은 나현영 옮김, 『쿤/포퍼 논쟁』(생각의나무, 2007)이다.

Gassendi, Pierre & Thill, Olivier, *The Life of Copernicus* (1473-1543) (Xulon Press, 2002).

Gilder, Joshua. & Gilder, Anne-Lee, *Heavenly Intrigue* (Anchor Books, New York, 2004).

Gingerich, Owen & MacLachlan, James, *Nicolaus Copernicus-Making the Earth a Planet* (Oxford University Press, Oxford, UK, 2005). 이 책의 한국어판은 이무현 옮김, 『지동설과 코페르니쿠스』(바다출판사, 2006)이다.

Gingerich, Owen, *The Book Nobody Read: Chasing the Revolutions of Nicolaus Copernicus* (Walker Publishing Company, New York, 2004). 이 책의 한국 어판은 장석봉 옮김, 『아무도 읽지 않은 책』(지식의숲, 2008)이다.

Grant, Edward, *Science and Religion 400 B.C. to A.D. 1550* (Johns Hopkins University Press, Baltimore, Maryland, 2004).

Grant, Edward, *The Foundations of Modern Science in the Middle Ages*

(Cambridge University Press, Cambridge, UK, 1996).

Haines-Young, Roy & Petch, James. *Physical Geography: Its Nature And Method* (Rowman & Littlefield Pub Inc, 1986). 이 책의 한국어판은 손일 옮김, 『자연지리학과 과학철학』(세진사, 1992)이다.

Hacking, Ian, Scientific Revolutions (Oxford University Press, Oxford, 2004).

Heath, Thomas, *Aristarchus of Samos, the ancient Copernicus ; a history of Greek astronomy to Aristarchus, together with Aristarchus's Treatise on the sizes and distances of the sun and moon : a new Greek text with translation and notes*-Scholar's Choice Edition (Scholar's Choice, 2015).

Heath, Thomas, *The Copernicus of antiquity (Aristarchus of Samos)*-Scholar's Choice Edition (Scholar's Choice, 2015).

Henry, John, *Moving Heaven and Earth* (Icon Books, Duxford, 2001). 이 책의 한국어판은 예병일 옮김, 『왜 하필 코페르니쿠스였을까』(몸과마음, 2003)이다.

Heny, John, *The Scientific Revolution and the Origins of Modern Science* (Parlgrave Macmilan Ltd, New York, 2002).

Hooykaas, Reijer, *Religion and the Rise of Modern Science* (Scottish Academic Press, Edinburgh, 1972). 이 책의 한국어판은 이훈영 옮김, 『종교개혁과 과학혁명』(도서출판 솔로몬, 1992)이다.

Hoskin, Michael, *The History of Astronomy* (Oxford University Press, Oxford, 2003).

Jardine, Nicholas, *The Birth of History and Philosophy of Science: Kepler's 'A Defence of Tycho against Ursus' with Essays on its Provenance and Significance* (Cambridge University Press, Cambridge UK, 1988).

Jenkins, Keith, Re-tihinking History (Routledge Classic, New York, 2003).

Karttunen, Hanny & Kröger, Pekka & Oja, Heikki & Poutanen, Markku & Donner, Karl, *Fundmental Astronomy*. 이 책의 한국어판은 민영기, 윤홍식, 홍승수 공역, 『기본 천문학』(형설출판사, 1991)이다.

Kuhn, Thomas, *The Copernican Revolution* (Harvard University Press,

Cambridge, Massachusetts, 1957).

Kuhn, Thomas, *The Essential Tension* (The University of Chicago Press, Chicago, 1977).

Kuhn, Thomas, *The Structure of Scientific Revolutions* (The University of Chicago Press, Chicago, 1996). 이 책의 한국어판은 조형 옮김, 『과학혁명의 구조』(이화여자대학교, 1980)와 함께 또 다른 한국어판 김명자 옮김, 『과학혁명의 구조』(까치, 1999)가 있다.

Lewes, George, *The Life Of Galileo Galilei, With Illustrations Of The Advancement Of Experimental Philosophy* (Read Books, 2013).

Lloyd, George, *Early Greek Science: Thales to Aristotle* (W.W. Norton & Company, 1974). 이 책의 한국어판은 이광래 옮김, 『그리스 과학 사상사』(지식을 만드는 지식, 2014)이다.

Lynch, Joseph, *The Medieval Church: A Brief Story* (Longman, Harlow, Essex, UK, 1992).

Mankiewicz, Richard, *The Story of Mathematics* (Princeton University Press, Princeton, New Jersey, 2000). 이 책의 한국어판은 심창섭, 채천석 옮김, 『중세교회사』(솔로몬, 2005)이다.

McClellan, James & Dorn, Harold, *Science and Technology in World History* (Johns Hopkins University Press, Baltimore, Maryland, 1999). 이 책의 한국어판은 전대호 옮김, 『과학과 기술로 본 세계사 강의』(모티브북, 2006)이다.

Milhon, Thomas, 『The History *of Astronomy and Astrophysics* (Virtualbookworm. com Publishing Inc. College Station, 2008).

Morrison, David. & Owen, Tobias, *The Planetary System* (Addison-Wesley Publishing Company, New York, 1987).

Olson, Richard, *Science and Religion, 1450-1900* (Johns Hopkins University, Baltimore, Maryland, 2004)

Pieper, Joseph. *Scholastik. Gestalten und Probleme der mittelalterlichen*

Philosophie (Koesel Verlag GmbH & Co, Munich, Germany, 1960). 이 책의 한국어판은 김진태 옮김, 『중세 스콜라 철학-신앙과 이성 사이의 조화와 갈등』(가톨릭대학교 출판부, 2003)이다.

Popper, Karl. *The Logic of Scientific Discovery*, (Routledge Classics, New York, 2002). 이 책은 *Logik der Forschung*라는 제목의 독일어 초판이 1934년에 인쇄되었고, 영어판은 1959년에 인쇄되었다. 한국어판은 박우석 옮김, 『과학적 발견의 논리』(고려원, 1994)이다.

Popper, Karl, *The World of Parmenides* (Routledge, New York, 1998). 이 책의 한국어판은 이한구, 송대현, 이창환 옮김, 『파르메니데스의 세계』(영림카디널, 2009)이다.

Reston, James Jr, *Galileo a Life* (BeardBooks, Washington, D.C. 2000).

Russel, Bertrand, *Religion and Science* (Oxford University Press, Oxford, 1997). 이 책의 한국어판은 송상용 옮김, 『종교와 과학-독단과 이성의 투쟁사』(전파과학사, 1977)와 함께 또 다른 한국어판 김이선 옮김, 『종교와 과학』(동녘, 2011)이 있다.

Russell, Bertrand, *Wisdom of the West* (Crescent Book, 1989).

Sagan, Carl. *Cosmos*, (Ballantine Books, New York, 1985). 이 책의 한국어판은 홍승수 옮김, 『코스모스』(사이언스북스, 2006)이다.

Shrape, Eric, *Comparative Religion* (Gerald Duckworth & Co, London, 1974). 이 책의 한국어판은 윤이흠, 윤원철 공역, 『종교학: 그 연구의 역사』(한울아카데미, 1986)이다.

Sobel, Dava, *Galileo's Daughter* (Walker & Company, New York, 1999). 이 책의 한국어판은 홍현숙 옮김, 『갈릴레오의 딸』(옹진씽크빅, 2012)이다.

Tomlin, Graham, *Luther and His World* (Lion Publishing, Oxford, UK, 2002).

Vesel, Matjaž, *Copernicus: Platonist Astronomer-Philosopher: Cosmic Order, the Movement of the Earth, and the Scientific Revolution* (Peter Lang GmbH, New York, 2014).

White, Michael. *Galileo Antichrist* (Orion Publishing, London, 2007). 이 책의

한국어판은 김명남 옮김, 『갈릴레오』(사이언스북스, 2009)이다.

渡邊正雄, 『日本人と近代科學』(岩波書店, 1976). 이 책의 한국어판은 손영수 옮김, 『일본인과 근대과학』(전파과학사, 1992)이다.

강영선 외, 『세계 철학대사전』(교육출판공사, 1989).

경북대학교 자연과학개론 편집위원회, 『자연과학개론』(경북대학교 출판부, 1991).

김성근, 『교양으로 읽는 서양 과학사』(안티쿠스, 2009).

김영식·박성래·송상용, 『과학사』(전파과학사, 1992).

김영식, 『과학혁명: 전통적 관점과 새로운 관점』(아르케, 2001).

김영식, 『과학, 역사 그리고 과학사』(생각의나무, 2008).

박홍규, 『플라톤 후기 철학 강의』(민음사, 2004).

송상용, 『교양과학사』(우성문화사, 1984).

송상용, 『서양과학의 흐름』(강원대학교 출판부, 1990).

오진곤, 『서양과학사』(전파과학사, 1990).

윤홍식, 김천휘, 민영기, 심경진, 안홍배, 오갑수, 우종옥, 윤태석, 장경애, 홍승수, 『천문학 용어집』(서울대학교 출판부, 2003).

이호중, 『신과학사』(북스힐, 2002).

장욱, 『토마스 아퀴나스의 철학』(동과서, 2003).

전광식, 『신플라톤주의의 역사』(서광사, 2002).

논문

Nakayama, Shigeru, 「Diffusion of Copernicanism in Japan」 *The Reception of Copernicus' Heliocentric Theory* (D. Reidel Publishing Company, Boston, 1973)

Russell, John, 「The Copernican System in Great Britain」 *The Reception of Copernicus' Heliocentric Theory* (D. Reidel Publishing Company, Boston, 1973)

김선호, 「과학과 종교」, 『철학연구』 제73집, 2000.

김신철, 「근대과학과 현대 과학혁명에 대한 연구」, 『院友論集』 제20집, 1993.

김영균, 「플라톤의 《티마이오스》편에 있어서 '그림직한 설명'」, 『동서철학연구』

제17호, 1999.

김희준, 「톨레미의 알마게스트(수리천문학서) 분석」, 『大同哲學』 제9집, 2000.

박건탁, 「칼뱅과 코페르니쿠스 논쟁 30년」, 『神學指南』 제228호, 1991.

박성래, 「홍대용 湛軒書의 서양과학 발견」, 震檀學會 編 『湛軒書』(도서출판 一潮閣), 2001.

박성래, 「지동설의 주창자 코페르니쿠스」, 『과학과 기술』 1월호, 2003.

박희병, 「洪大容 研究의 몇 가지 爭點에 대한 檢討」, 震檀學會 編 『湛軒書』(도서출판 一潮閣), 2001.

성영곤, 「코페르니쿠스의 보수성」, 한국과학저술인협회 심포지엄, 1990.

이순아, 「마르실리오 피치노의 신플라톤주의와 미켈란젤로」, 홍익대학교 대학원, 1997.

이순아, 「그리스도교적 신플라톤주의 미학사상: 마르실리오 피치노를 중심으로」, 『美學·藝術學研究』 제19집, 2004.

이순아, 「피치노의 플라톤주의와 미학사상」, 홍익대학교 대학원, 2008.

이형섭, 「코페르니쿠스혁명의 역사적 실제와 현재의 대중적 인식」, 경기대학교 교육대학원, 2009.

임규정, 「포퍼와 쿤의 과학관을 통해 본 진리」, 『大同哲學』 제25집, 2004.

임진용, 「고전 천문학의 진화에 대한 연구」, 경상대학교 교육대학원, 2006.

임진용, 「코페르니쿠스 과학혁명의 동기」, 『경상사학』 제22집, 2006.

임진용, 「천문학 발달 과정에 대한 연구」, 『경상사학』 제24집, 2008.

임진용, 「플라톤 사상이 근대 천문학 탄생 과정에 끼친 영향」, 『서양고대사연구』 제27집, 2010.

조성을, 「洪大容의 역사 인식-華夷觀을 중심으로」, 震檀學會 編 『湛軒書』(도서출판 一潮閣), 2001.

진원숙, 「이탈리아 르네상스의 점성술과 근대과학」, 『啓明史學』 제3집, 1992.

진원숙, 「피치노와 피코의 인간 존엄관」, 『大邱史學』 제48집, 1994.

허남진, 「洪大容의 철학사상」, 震檀學會 編 『湛軒書』(도서출판 一潮閣), 2001.

인터넷 웹자료

http://en.wikipedia.org/wiki/Plato

http://en.wikipedia.org/wiki/Aristotle

http://en.wikipedia.org/wiki/Hipparchus

http://en.wikipedia.org/wiki/Ptolemy

http://en.wikipedia.org/wiki/Neoplatonism

http://en.wikipedia.org/wiki/Nicolaus_Copernicus

http://en.wikipedia.org/wiki/Tycho_Brahe

http://en.wikipedia.org/wiki/Johannes_Kepler

http://en.wikipedia.org/wiki/Galileo_Galilei

http://en.wikipedia.org/wiki/Isaac_Newton

http://en.wikipedia.org/wiki/Almagest

http://en.wikipedia.org/wiki/De_revolutionibus_orbium_coelestium

http://en.wikipedia.org/wiki/Principia

http://en.wikipedia.org/wiki/Giordano_Bruno

http://en.wikipedia.org/wiki/Robert_Bellarmine

http://en.wikipedia.org/wiki/Lactantius

http://en.wikipedia.org/wiki/Nicholas_of_Cusa

http://en.wikipedia.org/wiki/Regiomontanus

http://en.wikipedia.org/wiki/Accademia_dei_Lincei

http://en.wikipedia.org/wiki/Lateran_council

http://en.wikipedia.org/wiki/Nur_ad-Din_al-Bitruji

http://en.wikipedia.org/wiki/Hermes_Trismegistus

http://en.wikipedia.org/wiki/Aristarchus_of_Samos

http://en.wikipedia.org/wiki/Averroes

찾아보기

ㄱ

가톨릭(Catholic) 45, 52, 61, 71, 74-76, 78-
　85, 89, 90, 92, 94, 118, 128, 142, 145,
　146, 161, 163, 164, 207, 208
갈레노스(Claudios Galenos) 92, 132, 136
갈릴레이(Galileo Galilei) 31, 41, 54, 56-58,
　61, 69, 79-85, 124, 125, 130-149, 206
게오르그 폰 포이어바흐(Georg von Peuerbach) 91
『경이적인 로그 법칙의 기술(Mirifici
　Logarithmorum Canonis Descriptio)』 127
『곡정필담(鵠汀筆談)』 68
과학혁명(科學革命) 54, 97, 210-216
『과학혁명의 구조(The Structure of Scientific
　Revolutions)』 210, 211
『광학(Optics)』 183, 185
『굴절광학(Dioptrice)』 125
궐석재판(闕席裁判) 143

『근대 과학의 기원(The Origins of Modern Science:
　1300-1800)』 210
금서목록(禁書目錄) 83, 84
기세(Tiedeman Giese) 52, 94, 160
기하학(幾何學) 19, 25, 29, 31, 35, 38, 41, 43,
　50, 51, 90, 117, 132, 156, 169, 172, 174,
　182
깅그리치(Owen Gingerich) 50
『꼬리를 가진 별(Stella Caudata)』 108
『꿈(Somnium)』 129

ㄴ

난징조약(南京條約) 62
뉴구데메론(νυχθήμερον) 191
뉴턴(Isaac Newton) 58-61
니콜라스 레이머스 바르(Nicholas Reymers Bar)
　121

니콜라우스 쇤베르크(Nicholaus Schönberg) 94, 161

니콜로 리카르디(Niccolo Riccardi) 145

니시카와 마사요시(西川正休) 65

ㄷ

단테(Dante Alighieri) 133

데미우르고스(dēmiurgos) 27, 28, 45

도메니초 마리아 다 노바라(Domenico Maria da Novara) 91

도미니크派(Dominican Order) 62

도쿠가와 요시무네(德川吉宗) 63

독일의 교사(Praeceptor Germaniae) 72

동로마제국(Byzantine Empire) 42, 211

동방 종교(東邦宗敎) 25

『두 개의 주요한 우주 체계에 관한 대화(Dialogo sopra i due massimi sistemi del mondo, tolemaico e copernicaon)』 83

등비비례(等比比例) 29, 31, 156

ㄹ

라인홀드(Erasmus Reinhold) 72

락탄티우스(Lactantius) 159, 163

레기오몬타누스(Regiomontanus) 91-93

레베렌트 벤조질(Reverend Wensosil) 111

러셀(Bertrand Russell) 170

레오 10세(Leo X) 164

레디쿠스(Rheticus) 51-53, 72, 95, 96, 160

로버트 레코드(Robert Recorde) 58

로베르토 벨라르미노(Roberto Bellarmino) 142-144

로젠베르크(Rosenberg) 114

루돌프 2세(Rudolph II) 111-114, 120, 122-124, 128,

루돌프 행성표(Rudolphine Tables) 123, 127, 128

루카스 바흐마이스터(Lucas Bachmeister) 101

루터(Martin Luther) 52, 61, 71, 72, 84, 95, 99, 103, 116, 118, 208

류키푸스(Leucippus) 189

르네상스(Renaissance) 25, 26, 42-44, 48, 57, 157, 166, 167, 171, 186, 210, 213

리비아(Livia) 136

린체이학회(Accademia dei Lincei) 140, 145

ㅁ

마가레테 레지나(Margarethe Regina) 125, 126

마녀사냥 208

마르티아누스 카펠라(Martianus Capella) 184

마리나 감바(Marina Gamba) 136

마울브론(Maulbronn) 117

마테오 리치(Matteo Ricci) 62

만더루프 파르스베르크(Manderup Parsberg) 101

멜란히톤(Philipp Melanchthon) 71, 72

면죄부(免罪符) 76, 207

모상(模像, eikōkn) 27

모토키 료에이(本木良永) 66

미네르바(Minerva) 수도원 147

미셸 브누아(Michel Benoit) 62, 64

미카엘 매스틀린(Michael Mästlin) 117

밀레토스학파(Milesian school) 19-21

ㅂ

바바라 뮐러(Barbara Müller) 119, 120, 125, 126

바빌로니아(Babylonia) 34, 35, 151

바오로 5세(Pope Paul V) 142, 146

바첸로데(Lucas Watzenrode) 89, 90, 94

바커 폰 바켄펠스(Wackher von Wackenfels) 124

박지원(朴趾源) 68

『박학한 무지(De docta ignorantia)』 43, 44

『백과전서(Encyclopedia)』 184

『법률(Nomoi)』 170, 171

베나트키 성(Benátky 城) 112-114, 121, 122

베르길리우스(Vergilius) 46, 118

베살리우스(Andreas Vesalius) 136

베셀(Friedrich Wilhelm Bessel) 107

베스트팔렌 조약(Westfälischer Friede) 209

베아테(Beate Bille) 98, 99

베이컨(Francis Bacon) 59, 60

벤(Hven) 105-111, 121

본(paradeigma) 27

볼로냐대학(Universitàdi Bologna) 90-92, 94, 133

브루노(Giordano Bruno) 81, 83, 142-144

비르지니아(Virginia) 136, 147

비텐베르크대학(University of Wittenberg) 72, 74, 95, 96, 100, 208

빈첸초 갈릴레이(Vincenzo Galilei) 130, 132, 133, 136, 137

빈첸치오 비비아니(Vincenzio Viviani) 148

ㅅ

사분의(四分儀) 102, 107

산타마리아 노벨라 성당(Chiesa di Santa Maria Novella) 141

산타마리아 수도원(Santa Maria Monastery) 131

『새로운 기법에 의한 달력에 관한 논문의 속편』 64

『새로운 두 과학에 대한 논의와 수학적 논증 (Discorsi e Dimostrazioni Matematiche, intorno a due nuove scienze)』 135, 147

새뮤얼 포스터(Samuel Foster) 59

『서양 천지학의 결정적 주석』 65

『서양의 지혜(Wisdom of the West)』 170

성공회(聖公會) 61

세발트(Sebalt) 126

소주전원(小周轉圓) 73, 74

수잔나 로위팅커(Susanna Reuttinger) 125

수정(修正) 지구중심설 113, 201

슈텐 빌레(Steen Bille) 100, 103

스콜라주의(scholasticism) 43

스토아학파(Stoicism) 25

시부카와 가게슈케(渋川景佑) 64

시즈키 타다오(志筑忠雄) 64

『신(新)천문학(Astronomia Nova)』 80, 124

『신곡(神曲, La Divina Commedia)』 134

신성로마제국 111, 112, 120, 128

『신성(新星)에 관하여(De Stella Nova)』 104

신플라톤주의(Neo-Platonism) 25, 41-46, 81, 83, 92, 214

『신학대전(Summa Theologiae)』 26

ㅇ

아낙시만드로스(Anaximandros) 20-22, 29, 83

아낙시메네스(Anaximenes) 21, 22, 28, 155, 189

아담 샬(Johann Adam Schall von Bell) 62

아델베르크(Adelberg) 117

아르키메데스(Archimedes) 132, 137

아리스타쿠스(Aristarchus) 212

아리스토텔레스(Aristotle) 25, 26, 33, 34, 37,
43-45, 47-49, 51, 53-57, 59, 65, 73, 79,
80, 82, 90, 99, 108, 109, 115, 117, 132,
134, 135, 137, 140, 148, 172, 180-184,
195, 202-204, 212, 213, 215, 216

아베로에스(Averroes) 184

아우구스티누스(Augustinus) 42

아우크스부르크 조약(Augsburger Religionsfriede)
208

아우크스부르크 평화협정(Peace of Augsburg) 118

아카데미아(Academia) 31, 170, 183

아페이론(apeiron) 20

안나 마리아(Anna Maria) 129

안데르스 쇠렌센 베델(Anders Sørensen Vedel) 100

안토니오 비발디(Antonio Vivaldi) 127

알 바타니(Al-Battani) 184

『알마게스트(Almagest)』 36, 37, 40, 41, 47,
49, 50, 72, 76, 91, 93, 168, 169, 173-
188, 190, 192, 193-200, 211

『알마게스트 발췌본(Epitome of the Almagest)』 93

알페트라기우스(Alpetragius) 183, 184

에반젤리스타 토리첼리(Evangelista Torricelli) 148

에우독수스(Eudoxus) 31, 33, 34, 183

에페메리데스(efemérides) 72

『엘렉트라(Electra)』 186

엘리아스 올젠 모르징(Elias Olsen Morsing) 106

엠페도클레스(Empedocles) 189

여호수아(Joshua) 73

『열하일기(熱河日記)』 68

영국 국교회(Anglican Church) 61

예수회(Jesuit) 62-65, 67, 68, 69, 140, 141, 145

오스틸리오 리치(Ostillio Ricci) 132

오지안더(Andreas Osiander) 51, 52, 73, 75, 79,
96, 159, 160, 164, 165

오테(Otte Brahe) 98, 99, 102, 103

완전입체(perfect solids) 29, 31

왕권신수설(王權神授說) 110

외레순(Øresund) 105

요르겐(Jorgen Brahe) 98-100, 103

요르겐 한센(Jørgen Hansen) 103

요한 바오로 2세(Pope John Paul II) 85

요한 알브레히트 비트만슈타트(Johann Albrecht
Widmanstadt) 161

「요한계시록」 82

욥스트 뮐러(Jobst Muller) 119

우라니보르크(Uraniborg) 105-109, 112

우르바노 8세(Pope Urban VIII) 145, 147

『우주의 신비(Mysterium Cosmographicum)』 29, 32, 121

『우주의 조화(Harmonice mundi)』 80, 127, 128

우주혼(宇宙魂, anima mundi) 22, 29, 31, 44, 155-157

「운동에 관하여(De Motu)」 134

울리히(Ulrich) 111

원동자(原動者) 34, 184, 195

원원(元元) 62

윌리엄 길버트(William Gilbert) 59

윌리엄 허셜(William Herschel) 31

유물론(唯物論) 19, 20, 152

유클리드(Euclid) 50, 90, 132, 137, 172, 173, 182, 183, 185

육분의(六分儀) 107, 187

이데아(idea) 25, 27

이상현상(異常現象) 210, 212-214

이심원(離心圓) 35, 39, 40, 41, 93, 183, 198

이심원설(離心圓說) 183

이심점(離心點) 41, 73, 74, 78

잉게르 옥세(Inger Oxe) 104

ㅈ

자연철학(自然哲學) 19, 22, 25, 26, 35, 37, 45, 47, 53, 59, 66, 67, 117, 131, 134, 153, 155, 163, 169, 172, 180, 194, 196, 205, 212, 214, 215, 216

『자연철학의 수학적 원리(De revolutionibus orbium coelestium)』 57, 58, 60, 215, 216

자연학(自然學) 26

전도서(傳道書) 73

정상과학(正常科學) 210-213, 216

조화수열(調和數列) 31, 156

조화의 법칙 31, 154

존 네이피어(John Napier) 127

존 케일(John Keill) 64

종교재판관 142-144

종교재판소 74, 142, 144, 147

『주인전(鑄人傳)』 62

주전원(周轉圓) 176-179, 181, 183, 196, 198-200

주전원설(周轉圓說) 183

줄리아 암마난티(Julia Ammananti) 130

지구중심설(地球中心說) 21, 36, 47-50, 53, 57, 62, 75, 77, 97, 107, 113, 115, 122, 174, 175, 180, 183, 184, 188, 195-198, 201, 202, 211-215

『지식의 성(城)(The Castle of Knowledge)』 58

지오바니 데 메디치(Giovanni de' Medici) 135

『짧은 주석(Commentariolus)』 76, 77, 95

ㅊ

『천구의 회전에 관하여(De revolutionibus orbium coelestium)』 214, 215, 217

천문학 혁명(天文學革命) 25, 26, 87

『천상계에 대하여(On the Heavens)』 34

『천상계의 최근 현상들(Recent Phenomena in the Celestial World)』 108

『최신 천체 운동론(Astronomiae instauratae mechanica)』 111

천체물리학(天體物理學) 115, 129, 203, 204

『최초의 보고서(Narratio Prima)』 95

ㅋ

카치니(Tommaso Caccini) 141, 142

카타리나(Katharina) 116, 126

칼뱅(Calvin) 61, 75

케플러(Johannes Kepler) 22, 29, 31, 32, 42, 53, 54, 56, 58, 60, 61, 80, 85, 87, 106, 112, 113-129, 137, 140, 141, 154, 156, 172, 198, 202-204

코르둘라(Cordula) 126, 128

코시모 데 메디치(Cosimo de' Medici) 139

코페르니쿠스(Nicholaus Copernicus) 11, 12, 25-27, 29, 42, 44, 47, 48, 50-67, 70-85, 87, 89-97, 99, 107, 109, 113, 118, 119, 122, 124, 127, 137, 143, 158-165, 167, 169, 173-175, 180-201, 203, 204, 209-217

『코페르니쿠스 천문학 요약(Epitome Astronomiae Copernicanae)』 127

코펜하겐대학(University of Copenhagen) 99, 104, 113

쿠자누스(Nicolaus Cusanus) 42-44

쿤(Thomas Samuel Kuhn) 210, 211, 216, 217

크누트스트루프(Knutstrup) 98, 99

크라쿠프대학(University of Kraków) 90

크리스토바오 페레이라(Christovao Ferreira) 65

크리스티앙 롱고몬타누스(Christian Longomontanus) 106

크세노파네스(Xenophanes) 190

클레멘드 7세(Pope Clement VII) 94

키르스텐 요르겐슈다터(Kirsten Jфrgensdatter) 103

키케로(Marcus Tullius Cicero) 42, 46, 162

ㅌ

탈레스(Thales) 19-21, 152

『태양 흑점의 속성 및 역사와 증거에 관하여(Istoria e dimostrazione intorno alle macchie solari)』 140

『태양의 흑점에 관한 편지들(Letters on Sunspots)』 140

태양중심설(太陽中心說) 191, 195-197, 200, 209, 210-212, 214, 216

『테트라비블로스(Tetrabiblos)』 36

텡크나겔(Frans Tengnagel) 121, 123

토마스 아퀴나스(Thomas Aquinas) 26

토스카나(Toscana) 132, 135, 139

토스트루프(Tostrup) 99

톨로사니(Giovanni Maria Tolosani) 78, 79

튀빙겐대학(University of Tübingen) 117, 118

『티마이오스(Timaios)』 27-29, 45, 156, 170, 182, 195

티코(Tycho Brahe) 29, 42, 54-56, 65, 66, 68, 70, 73, 74, 85, 87, 98-115, 117, 120-128, 172, 201, 202, 204, 214

ㅍ

파도바대학(Universitàdi Padova) 92, 135-137, 139

파비안 루찬스키(Fabian Luzjański) 94

피울 하인첼(Paul Hainzel) 102

패러다임(paradigm) 36, 51, 53-55, 57, 79,

152, 160, 204, 210-216

패럴래티콘(parallaticon) 197

페데르 옥세(Peder Oxe) 104

페드로 고메즈(Pedro Gomez) 65

페라라대학(University of Ferrara) 93

페르디난도 1세(Ferdinando I de' Medici) 135

페르디난트 2세(Ferdinand II) 120, 128

페르디난트 페르비스트(Ferdinand Verbiest) 62

페테르 야콥센 플렘로제(Peter Jakobsen Flemlose) 106

페트라이우스(Johannes Petreius) 52, 96, 160

편심(偏心) 37-39

프롬보르크(Frombork) 51, 90, 92, 94

포퍼(Karl Raimund Popper) 216

프라하(Praha) 111, 113-115, 121, 122

프란체스코 1세(Francesco I de' Medici) 132, 135

프란체스코 페트라르카(Francesco Petrarch) 42

프란치스코派(Franciscan Order) 62

프레데릭 2세 (Frederick II) 100, 103-106, 108-110

프로클로스(Proklos) 42, 43, 45

프로테스탄트(Protestant) 61, 62, 71-75, 79, 80, 84, 99, 117, 118, 120, 127, 128, 161, 201, 208, 209

프록시마 센타우리(Proxima Centauri) 107

프리드리히(Friedrich) 123

프리드마르(Fridmar) 128

『프린키피아(Principia)』 60

프톨레마이오스(Claudius Ptolemaios) 9, 26, 36-41, 47, 48, 50, 51, 53,-56, 58, 59, 68, 77, 78, 82, 91, 93, 95, 99, 109, 117, 137, 139, 171-176, 181-183, 187, 188, 190, 192, 194-201, 211-216

플라톤(Platon) 22, 25-31, 33-35, 41-47, 57, 81, 83, 92, 119, 155-157, 170, 171, 182, 183, 195, 214

『플라톤 신학(Theologia Platonica)』 45

『플라톤 철학과 아리스토텔레스 철학의 차이(De Platonicae et aristotelicare philosophiae differentia)』 44

『플라톤적 물음들(Platōnika Zētēmata: Quaestiones Platonicae)』 170

플레톤(Georgios Gemistos Plethon) 44

플로티노스(Plotinos) 46

피렌체 아카데미아(Firenzer Academia) 43, 44, 46, 133

피사(Pisa) 130-132, 134

피사대학(Universitàdi Pisa) 131, 134, 135

피치노(Marsilio Ficino) 45, 46

피타고라스(Pythagoras) 193

필로라우스(Philolaus) 23, 24, 193

필리포 판토니(Filippo Fantoni) 132

ㅎ

하인리히 란차우(Heinrich Rantzau) 111

『학문의 존엄에 관하여(De Augmentis Scientiarum)』 59

한스 리퍼쉐이(Hans Lippershey) 125

합스부르크(Hapsburg) 112

『항성의 전령(Sidereus Nuncius)』 124, 139

『행성의 가설(Planetary Hypotheses)』 37

헤라클레이데스(Herakleides) 194

헤라클레이투스(Heracleitus) 189

헤레바드(Herrevad) 수도원 103

헤르메스 트리스메기스투스(Hermes Trismegistus)
186

헨리 겔리브란드(Henry Gellibrand) 59

헬레니즘(Hellenism) 44

헬싱보르크(Helsingborg) 98, 102

형상(形相, eidos) 27, 156

형이상학(形而上學) 26, 35, 36, 46, 47, 127,
148, 151, 152, 155, 156, 163, 171, 196,
203-206

『형이상학(Metaphysica)』 26

호메로스(Homeros) 46

『황금계량기(Saggiatore)』 145, 146

흐라드차니(Hradcany) 112

히케타스(Hicetas) 162

히파르쿠스(Hipparchus) 34, 35, 176, 197

지은이 임진용

경북대학교 지구과학교육과와 경상대학교 교육대학원을 졸업하고, 그 후 역사교육 쪽으로 전과하여 경상대학교에서 코페르니쿠스와 관련된 연구로 박사학위를 받았다. 현재는 진주동 명고등학교에서 학생들을 가르치고 있다. 옮긴 책으로는 『티코 브라헤: 천체도를 제작하다』가 있고, 논문으로는 『고전 천문학의 진화에 대한 연구』, 『코페르니쿠스 과학혁명의 동기』, 『천문학 발달 과정에 대한 연구』, 『플라톤 사상이 근대 천문학 탄생 과정에 끼친 영향』, 『코페르니쿠스 연구: 사상의 기원과 과학사에서의 위치』 등이 있다.

우리가 잘 몰랐던
천문학 이야기

2015년 7월 10일 초판 1쇄 발행
2016년 7월 15일 초판 2쇄 발행

지은이 ㅣ 임진용
펴낸이 ㅣ 권오상
펴낸곳 ㅣ 연암서가

등 록 ㅣ 2007년 10월 8일(제396-2007-00107호)
주 소 ㅣ 경기도 고양시 일산서구 호수로 896, 402-1101
전 화 ㅣ 031-907-3010
팩 스 ㅣ 031-912-3012
이메일 ㅣ yeonamseoga@naver.com
ISBN 978-89-94054-72-8 03440

값 15,000원